普通高等教育“十二五”规划教材

土力学实验指导

主　编　刘　东
副主编　王晓斌　刘　峰
　　　　佟大鹏　李天霄
主　审　党进谦

中国水利水电出版社
www.waterpub.com.cn

内 容 提 要

本教材内容包括土的基本物理性质指标试验、土的界限含水量试验、土的动力特性测定试验、土的渗透试验、土的压缩固结试验、土的抗剪强度试验、综合设计试验等。本教材可作为试验课教材单独使用，也可作为《土力学与基础工程》理论教材的配套教材。

本教材适用于水利水电工程、水文与水资源工程、农业水利工程等专业，同时也适用于土木工程、公路桥梁工程、港口工程等专业，也可作为工程技术人员和注册岩土师、注册结构师考试的参考用书。

图书在版编目（CIP）数据

土力学实验指导/刘东主编．—北京：中国水利水电出版社，2011.8（2017.8重印）
普通高等教育"十二五"规划教材
ISBN 978-7-5084-8953-7

Ⅰ.①土… Ⅱ.①刘… Ⅲ.①土力学-实验-高等学校-教学参考资料 Ⅳ.①TU4-33

中国版本图书馆CIP数据核字（2011）第177278号

书　名	普通高等教育"十二五"规划教材 **土力学实验指导**
作　者	主　编　刘　东 副主编　王晓斌　刘　峰　佟大鹏　李天霄 主　审　党进谦
出版发行	中国水利水电出版社 （北京市海淀区玉渊潭南路1号D座　100038） 网址：www.waterpub.com.cn E-mail：sales@waterpub.com.cn 电话：（010）68367658（营销中心）
经　售	北京科水图书销售中心（零售） 电话：（010）88383994、63202643、68545874 全国各地新华书店和相关出版物销售网点
排　版	中国水利水电出版社微机排版中心
印　刷	三河市鑫金马印装有限公司
规　格	184mm×260mm　16开本　7.75印张　184千字
版　次	2011年8月第1版　2017年8月第2次印刷
印　数	3001—5000册
定　价	**18.00**元

前言

为配合土力学课堂理论教学和试验教学，帮助学生加深对土力学课程基本概念、基本理论的理解，掌握土工试验的方法与试验成果的整理，方便学生自学，我们编写了这本配套学习指导教材。

土力学试验是土建类、水利类专业的一门重要试验课，具有很强的实践性与实用性，是整个课程体系中的一个重要实践教学环节。通过试验，可使学生了解各种土工试验仪器设备，掌握土的物理力学性质的试验方法，培养学生的土工试验操作技能、发现问题与解决问题的能力，提高学生的实践动手能力及工程素养，使学生形成严谨求实、吃苦耐劳、团结合作的工作作风，并形成初步的科研探索精神，为学生今后从事设计、施工及科研等工作奠定坚实基础。

本书由东北农业大学刘东主编，西北农林科技大学党进谦主审。绪论、试验1由东北农业大学刘东编写；试验2由东北农业大学王晓斌编写；试验3、试验5由黑龙江大学佟大鹏编写；试验4由东北农业大学李天霄编写；试验6、试验7由大连海洋大学刘峰编写。在编写过程中参考了多位专家学者的教学、科研成果，并得到中国水利水电出版社的大力帮助，在此表示衷心的感谢。

由于编者水平有限，书中难免有疏漏和不妥之处，恳请读者批评指正。

编 者

2011年6月

试验注意事项

为确保试验顺利进行，达到预定的试验目的，必须做到下列几点。

1. 作好试验前的准备工作

(1) 预习试验指导书，明确本次试验的目的、方法和步骤。

(2) 弄清与本次试验有关的基本原理。

(3) 对试验中所用到的仪器、设备，试验前应事先阅读有关仪器的使用说明。

(4) 必须清楚地知道本次试验需记录的数据项目及数据处理的方法，并事前做好记录表格。

(5) 除了解试验指导书中所规定的试验方案外，亦可多设想一些其他方案。

2. 遵守试验室的规章制度

(1) 试验时应严肃认真，保持安静。

(2) 爱护设备及仪器，并严格遵守操作规程，如发生故障应及时报告。

(3) 非本试验所用的设备及仪器不得任意动用。

(4) 试验完毕后，应将设备和仪器擦拭干净，并恢复到原来正常状态。

3. 认真做好试验

(1) 注意听好教师对本次试验的讲解。

(2) 清点试验所需设备，仪器及有关器材，如发现遗缺，应及时向教师提出。

(3) 试验时，应有严格的科学作风，认真细致地按照试验指导书中所要求的试验方法与步骤进行。

(4) 对于带电或贵重的设备及仪器，在接线或布置后应请教师检查，检查合格后，才能开始试验。

(5) 在试验过程中，应密切观察试验现象，随时进行分析，若发现异常现象，应及时报告。

(6) 记录下全部测量数据，以及所用仪器的型号及精度、试件的尺寸、量具的量程等。

(7) 教学试验是培养学生动手能力的一个重要环节，因此学生在试验小组中虽有一定的分工，但每个学生都必须自己动手，完成所有的试验环节。

(8) 学生在完成试验全部规定项目后，经教师同意可进行一些与本试验有关的其他试验。

(9) 试验记录需要教师审阅签字，若不符合要求应重做。

4. 写好试验报告

试验报告是试验的总结，通过写试验报告，可以提高学生对试验结果的分析能力，因此试验报告必须由每个学生独立完成，要求清楚整洁，并要有分析及自己的观点。试验报告应具有以下基本内容：

（1）试验名称、试验日期、试验者及同组人员。

（2）试验目的。

（3）试验原理、方法及步骤简述。

（4）试验所用的设备和仪器的名称、型号。

（5）试验数据及处理。

（6）对试验结果的分析讨论。

目　录

绪　论

土力学试验是土木、水利类专业的一门重要试验课，具有很强的实践性与实用性，是整个课程体系中的一个重要实践教学环节。通过试验，可使学生了解各种土工试验仪器设备，掌握土的物理力学性质的试验方法，培养学生的土工试验操作技能、发现问题与解决问题的能力，提高学生的实践动手能力及工程素养，使学生形成严谨求实、吃苦耐劳、团结合作的工作作风，并形成初步的科研探索精神，为学生今后从事设计、施工及科研等工作奠定坚实基础。

1. 土力学试验是土力学理论教学的重要辅助环节

本科生的教学试验分为基础试验、综合试验和创新试验三个层次。通过试验，可以验证课堂所学理论知识，加深对基础知识的理解，熟悉土力学试验所用的仪器设备，掌握各种试验技能，了解土的各种性质检验方法和有关的技术规范。通过试验，还可以培养学生独立实践的能力，培养学生的团队合作意识和严谨求实的科学精神。

2. 土力学试验能强化学生的基本理论知识

土力学试验使学生对具体材料的性能有进一步的了解，能熟悉、验证、巩固与丰富所学的理论知识。土力学试验内容包含20多个项目，学生通过现场操作，可增加对土的感性认识，加深对课堂所学理论知识的巩固和理解，为进一步学习房屋建筑学、钢筋混凝土结构、砌体结构、基础工程、施工技术与组织等专业课奠定扎实的前期理论基础。

3. 土力学试验能强化学生的工程实践能力

通过土力学试验，可使学生熟悉一些土工实验的国家标准（规范）、试验设备和检测技术等，熟悉土的技术性能，掌握试验数据处理和结果评定方法，使学生对具体材料的性能有进一步的了解。学生通过亲自动手操作，逐步掌握试验方法和提高试验技能，真正实现了理论联系实际的教学目标，并培养了学生的实践动手能力。反过来，也可以分析和判断操作不当可能带来的后果，为今后指导施工、加强监理以及进行工程质量事故分析指明了方向。在试验过程中，学生分析问题和解决问题的能力都得到了培养和提高。

4. 土力学试验能强化工程的质量评价体系，培养学生的工程质量观

土力学试验是主要是测定与地基土各种力学性能相关的指标，在土木工程中，与基础施工的安全性密切相关，任何一个指标的错误都可能造成工程的质量缺陷，甚至导致重大质量事故。因此，合格的土木工程技术人员必须准确熟练地掌握有关材料的知识，教材所列各项试验内容包括了国家现行规定的相应质量评价体系系列指标的测试。通过试验，学生对土的各种力学性能指标的测定会更加深刻，从而增强和培养了学生今后在工作中科学选择、合理使用材料的意识与能力。同时，通过学习土力学试验课程，能让学生了解常用

土工方法的现行技术及标准规范。例如，土的密度、含水量、比重的操作程序方法等，又如，土的抗剪强度试验，如果测定不准，将会导致地基土的稳定性差，进而使基础产生破坏，影响建筑物的安全和正常使用。学生通过试验，对比分析结果，可以切身体会到严谨、科学规范的工作方法的重要性，明确在工程施工过程中，任何环节的疏忽大意都可能给工程质量带来隐患，从而强化工程质量的意识和责任。

试验1　土的基本物理性质指标试验

1.1　试样制备及饱和

试样的制备是获得正确的试验成果的前提，为保证试验成果的可靠性以及试验数据的可比性，应具备一个统一的试样制备方法和程序。

试样的制备可分为原状土的试样制备和扰动土的试样制备。对于原状土的试样制备主要包括土样的开启、描述、切取等程序；而扰动土的制备程序则主要包括风干、碾散、过筛、分样和贮存等预备程序以及击实等制备程序，这些程序步骤的正确与否，都会直接影响到试验成果的可靠性，因此，试样的制备是土工试验工作的首要质量要素。

1.1.1　试验目的

（1）熟练掌握原状土样和扰动土样的制备程序。

（2）熟练掌握不同方法制备饱和土样的步骤。

1.1.2　试验仪器

（1）细筛：孔径5mm、2mm、0.5mm。

（2）洗筛：孔径0.075mm。

（3）台秤：称量10～40kg，最小分度值5g。

（4）天平：称量1000g，最小分度值0.1g；称量200g，最小分度值0.01g。

（5）碎土器：磨土机。

（6）击样器：如图1-1所示。

（7）压样器：如图1-2所示。

（8）饱和器：如图1-3所示。

（9）真空饱和装置：如图1-4所示。

（10）其他：烘箱、干燥器、保湿器、研钵、木碾、橡皮板、切土刀、钢丝锯、凡士林、喷水设备等。

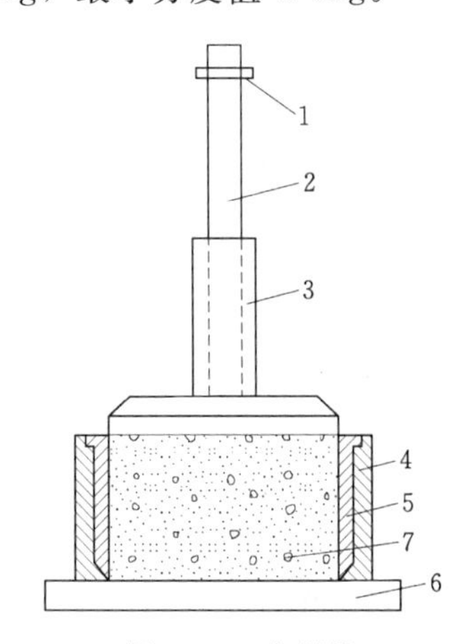

图1-1　击样器

1—定位环；2—导杆；3—击锤；4—击样筒；5—环刀；6—底座；7—试样

1.1.3　基本概念

原状土样：原状土样又称不扰动土样，保持天然结构和天然含水率的土样。用于测定天然土的物理、力学性质，如重度、天然含水率、渗透系数、压缩系数和抗剪强度等。

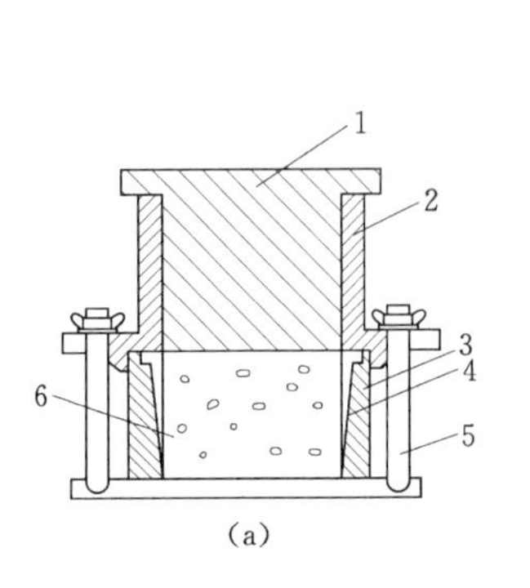

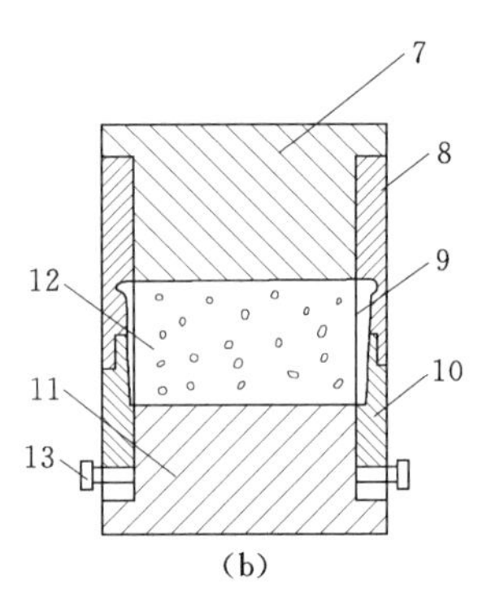

图1-2　压样器

(a) 单向；(b) 双向

1—活塞；2—导筒；3—护环；4—环刀；5—拉杆；6—试样；7—上活塞；8—上导筒；9—环刀；10—下导筒；11—下活塞；12—试样；13—销钉

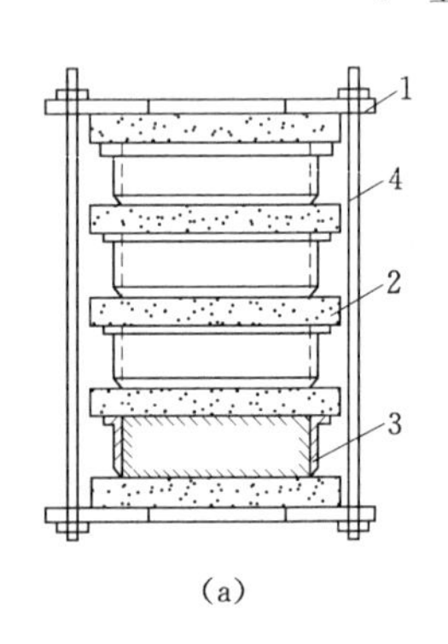

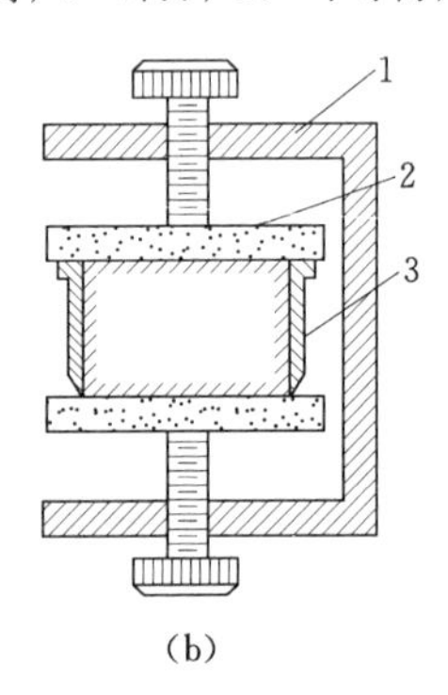

图1-3　饱和器

(a) 叠式；(b) 框式

1—夹板；2—透水板；3—环刀；4—拉杆

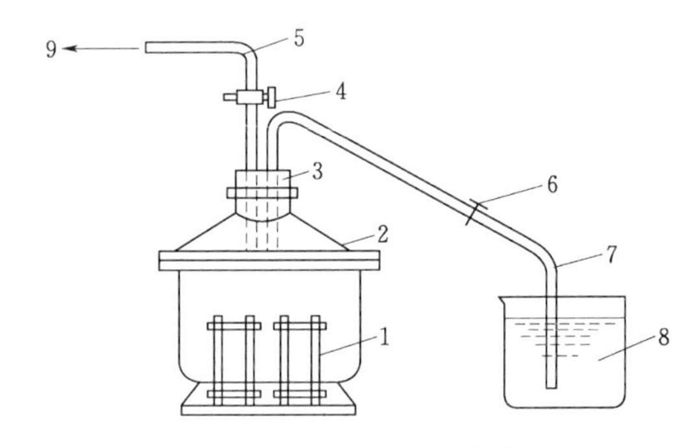

图1-4　真空饱和装置

1—饱和器；2—真空缸；3—橡皮塞；4—二通管；5—排气管；6—管夹；7—引水管；8—盛水器；9—接抽气机

扰动土样：扰动土样是天然结构受到破坏或含水率有了改变，或二者兼而有之的土样。常用来测定土的粒度成分、土粒密度、塑限、液限、最优含水率、击实土的抗剪强度以及有机质和水溶盐含量等。

土的孔隙逐渐被水填充的过程称为饱和，当土中孔隙全部被水充满时，该土则称为饱和土。

1.1.4　试验步骤

1. 原状土的制备步骤

(1) 开启试样：将土样筒按标明的上下方向放置，小心开启包装皮，观察原状土的颜色、气味、结构、夹杂物和均匀性等其他情况，并做原状土开土记录。

(2) 切去试样：环刀切取试样（根据密度试验切取）。切削过程中应细心观察土样的情况，并描述它的层次、气味、有无杂质、裂缝等。

(3) 剩余试样：环刀切削的余土可做土的物理性试验，切取试样后剩余的原状土样，应用蜡纸封好，置于保湿器内，以备补做试验之用。

（4）试样存放：视试样本身及工程要求，决定试样是否进行饱和，如不立即进行试验或饱和时，则将试样保存于保湿器内。

2. 扰动土的制备步骤

（1）将扰动土样进行土样描述，如颜色、气味、夹杂物和土类及均匀程度等，如有需要，将扰动土样拌和均匀，取代表性土样测定其含水量。

（2）将土样风干或烘干，然后将风干或烘干土样放在橡皮板上用木碾碾散，但应注意不得将土颗粒破碎。

（3）将分散后的土样根据各试验项目的要求过筛。对于物理性试验如液限、塑限等试验，过0.5mm筛；对于力学性试验土样，过2mm筛；对于击实试验、比重试验（比重瓶法），过5mm筛。

（4）试样制备：视工程实际情况，分别采用击样法、压样法和击实法。

1）击样法：根据环刀的容积及所要求的干密度，制备湿土样。将湿土倒入预先装有环刀的击样器内，用击实方法将土击入环刀内，击实到所需密度，称环刀、土总质量。

2）压样法：按规程称出所需的湿土质量。将湿土倒入预先装好环刀的压样器内，拂平土样表面，以静压力将土样压紧到所需密度，称环刀、土总质量。

3）击实法：结合击实试验中的击实程序，将土样击实到所需密度，用推土器推出。环刀取土，并测出土样含水率。

（5）为配制一定含水量的试样，根据不同的试验要求，取足够过筛的风干土样，按下面的公式计算加水量，把土样平铺于不吸水的盘内，用喷水壶喷洒预计的加水量，并充分拌和均匀，然后装入容器内盖紧，润湿一昼夜备用。

（6）测定润湿后土样不同位置（至少两个以上）的含水量，要求差值不大于±1%。

（7）按下式计算干土质量：

$$m_s=\frac{m}{1+0.01w_h} \tag{1-1}$$

式中 m_s——干土质量，g；

m——风干土质量，g；

w_h——风干含水率，%。

（8）根据试样所要求的含水量，按式（1-2）计算制备试样所需的加水量：

$$m_w=0.01(w-w_h)m_s \tag{1-2}$$

式中 m_w——土样所需加水质量，g；

m_s——干土质量，g；

w——制备试样所要求的含水率，%；

w_h——风干含水率，%。

（9）根据试验所要求的干密度按下式计算制备试样所需的风干含水率时的总土质量：

$$m=(1+0.01w_h)\rho_d V \tag{1-3}$$

式中 m——制备试样所需的风干含水量时的总土质量，g；

ρ_d——制备试样所要求的干密度，g/cm^3；

V——试样体积，cm^3；

w_h——风干含水量，%。

(10) 把环刀外壁擦干净，称环刀和土的总质量，并同时测定土样的含水量。试样制备应尽量迅速，以免水分蒸发。

(11) 试件制备的数量根据试验项目的需要而定，一般应多制备1～2组备用，同一组试件的密度、含水量与制备标准之差应分别在$\pm 0.1g/cm^3$或2%范围之内。

3. 饱和试样制备步骤

根据土样的透水性能，试样的饱和可分别采用浸水饱和法、毛细管饱和法和真空抽气饱和法三种方法：

(1) 对于粗粒土，可采用直接在仪器内对试样进行浸水饱和的方法。

(2) 对于渗透系数大于$10^{-4}cm/s$的细粒土，可采用毛细管饱和法。

(3) 对于渗透系数小于、等于$10^{-4}cm/s$的细粒土，可采用真空抽气饱和法。

毛细管饱和法步骤如下：

(1) 选用框式饱和器，在装有试样的环刀上、下面分别放滤纸和透水石，装入饱和器内，并通过框架两端的螺丝将透水石、环刀夹紧。

(2) 将装好试样的饱和器放入水箱内，注入清水，水面不宜将试样淹没，以使土中气体得以排出。

(3) 关上箱盖，浸水时间不得少于两昼夜，以使试样充分饱和。

(4) 试样饱和后，取出饱和器，松开螺母，取出环刀擦干外壁，取下试样上下的滤纸，称环刀和试样的总质量，准确至0.1g，并计算试样的饱和度，当饱和度低于95%时，应继续饱和。

抽气饱和法步骤如下：

(1) 选用重叠式或框式饱和器和真空饱和装置。在重叠式饱和器下夹板的正中，依次放置透水石、滤纸、带试样的环刀、滤纸、透水石，如此顺序重复，由下向上重叠到拉杆高度，将饱和器上夹板盖好后，拧紧拉杆上端的螺母，将各个环刀在上、下夹板间夹紧。

(2) 将装有试样的饱和器放入真空缸内，真空缸和盖之间涂一薄层凡士林，并盖紧。

(3) 将真空缸与抽气机接通，启动抽气机，当真空压力表读数接近当地一个大气压力值后，继续抽气不少于1h，然后微开管夹，使清水由引水管徐徐注入真空缸内。在注水过程中，微调管夹，以使真空气压力表读数基本保持不变。

(4) 待水淹没饱和器后，即停止抽气，开管夹使空气进入真空缸，静止一段时间，对于细粒土，为10h左右，借助大气压力，从而使试样充分饱和。

(5) 打开真空缸，从饱和器内取出带环刀的试样，称环刀和试样总质量，并计算试样的饱和度，当饱和度低于95%时，应继续抽气饱和。

思 考 题

(1) 什么是原状土？什么是扰动土？碾散土样为什么要在橡胶板上用木碾或胶头研钵

碾散？

(2) 如何对试验土样进行状态描述？

1.2 土的含水率试验

含水率是土的基本物理性质指标之一，它反映了土的干、湿状态。含水率的变化将使土物理力学性质发生一系列变化，它可使土变成半固态、可塑状态或流动状态，可使土变成稍湿状态、很湿状态或饱和状态，也可造成土在压缩性和稳定性上的差异。含水率还是计算土的干密度、孔隙比、饱和度、液性指数等不可缺少的依据，也是建筑物地基、路堤、土坝等施工质量控制的重要指标。

1.2.1 试验目的

(1) 熟练和掌握采用烘干法和酒精燃烧法测定土的含水率。

(2) 了解土的含水情况，为计算土的干密度、孔隙比、液性指数、饱和度等项指标提供前提。

1.2.2 试验仪器

(1) 烘箱：保持温度 105～110℃的自动控制电热恒温烘箱，或其他能源烘箱；如图 1－5 所示。

图 1－5 烘箱

(2) 天平：称量 200g，最小分度值 0.01g。

(3) 纯度 95%的酒精。

(4) 滴管、火柴和调土刀。

(5) 其他：干燥器，称量盒。

1.2.3 基本概念

土的含水率指土在 105～110℃下烘至恒量时所失去的水分质量和达恒重后干土质量的比值，以百分数表示。其计算公式为：

$$w=\frac{m_w}{m_s}\times 100\% \qquad (1-4)$$

式中 m_w——土中水的质量，t、kg 或 g；

m_s——土粒的质量，t、kg 或 g。

1.2.4 试验方法

含水率试验方法有烘干法、酒精燃烧法、比重法、碳化钙气压法、炒干法等，其中以烘干法为室内试验的标准方法。在此仅介绍烘干法和酒精燃烧法。

烘干法是将试样放在温度能保持 105～110℃的烘箱中烘至恒量的方法，是室内测定含水率的标准方法。

酒精燃烧法是将试样和酒精拌和，点燃酒精，随着酒精的燃烧使试样水分蒸发的方法。酒精燃烧法是快速简易且较准确测定细粒土含水率的一种方法，适用于没有烘箱或土样较少的情况。

1.2.5　试验步骤

1. 烘干法步骤

（1）先称称量盒的质量 m_1，精确至0.01g。

（2）取具有代表性试样，细粒土不小于15g，砂类土、有机质土不小于50g，放入已称好的称量盒内，立即盖上盒盖，称湿土加盒总质量 m_2，精确至0.01g。

（3）打开盒盖，将试样和盒放入烘箱内，在温度105～110℃的恒温下烘干。烘干时间与土的类别及取土数量有关。细粒土不少于8h；砂类土不得少于6h；对含有机质超过5%的土，应将温度控制在65～70℃的恒温下烘干。

（4）将烘干后的试样和盒取出，放入干燥器内冷却至室温。冷却后盖好盒盖，称盒和干土质量 m_3，精确至0.01g。

（5）本项试验要求进行二次平行测定，其平行差值需满足以下要求：

当含水量小于5%时，允许平行差值不大于0.3%；当含水量大于5%小于40%时，允许平行差值不大于1%；当含水量大于等于40%时，允许平行差值不大于2%。当满足上述要求时，含水量取两次测值的平均值。

2. 酒精燃烧法步骤

（1）从土样中选取具有代表性的试样（黏性土5～10g，砂性土20～30g），放入称量盒内，立即盖上盒盖，称盒加湿土质量，准确至0.01g。

（2）打开盒盖，用滴管将酒精注入放有试样的称量盒内，直至盒中出现自由液面为止，并使酒精在试样中充分混合均匀。

（3）将盒中酒精点燃，并烧至火焰自然熄灭。

（4）将试样冷却数分钟后，按上述方法再重复燃烧二次，当第三次火焰熄灭后，立即盖上盒盖，称盒加干土质量，准确至0.01g。

1.2.6　成果整理

（1）按下式计算含水率：

$$w=\frac{m_2-m_3}{m_3-m_1}\times 100\% \tag{1-5}$$

式中　w——含水率，%；

m_1——称量盒的质量，g；

m_2——盒加湿土质量，g；

m_3——盒加干土质量，g。

含水率试验须进行两次平均测定，每组学生取两次土样测定含水率，取其算术平均值作为最后成果。但两次试验的平均差值不得大于下列规定，见表1-1。

表1-1　含水率测定的允许平均差值

含水率（%）	允许平均差值（%）	含水率（%）	允许平均差值（%）
＜10	0.5	＞40	2.0
10～40	1.0		

（2）试验结果记录表格如表1-2所示。

表1-2　　含水率试验记录计算表

工程名称＿＿＿＿　　土样说明＿＿＿＿　　试验日期＿＿＿＿

试 验 者＿＿＿＿　　计 算 者＿＿＿＿　　校 核 者＿＿＿＿

图样编号	盒号	盒质量（g）	盒+湿土质量（g）	盒+干土质量（g）	水分质量（g）	干土质量（g）	含水率（%）	平均含水率（%）
		(1)	(2)	(3)	(4)=(2)-(3)	(5)=(3)-(1)	(6)=(4)/(5)	(7)

1.2.7 注意事项

（1）测定含水量时动作要快，以避免土样的水分蒸发。

（2）应取具有代表性的土样进行试验。

（3）称量盒要保持干燥，注意称量盒的盒体和盒盖上下对号。

（4）烘干、冷却由于时间较长，由试验室完成，同学另找时间来称盒加干土质量。

思考题

（1）含水率试验时烘箱温度为什么要求保持在105～110℃？试验时两次平行测定的允许平行差值是多少？

（2）测定含水率的目的是什么？测定含水率常见的有哪几种方法？

（3）土样含水率在工程中有何价值？

1.3 土的密度试验

土的密度反映了土体结构的松紧程度，是计算土的自重应力、干密度、孔隙比、孔隙度等指标的重要依据，也是挡土墙土压力计算、土坡稳定性验算、地基承载力和沉降量估算以及路基路面施工填土压实度控制的重要指标之一。

1.3.1 试验目的

（1）测定土在天然状态下单位体积的质量。

（2）了解土体内部结构的密实情况。由于工程通常以容重值表示，因此将实测湿密度值根据含水率换算成干密度即可。

1.3.2 试验仪器

（1）恒质量环刀，内径6.18cm（面积30cm^2）或内径7.98cm（面积50cm^2），高20mm，壁厚1.5mm。

（2）称量500g、最小分度值0.1g的天平。

（3）切土刀、钢丝锯、毛玻璃和圆玻璃片等。

1.3.3 基本概念

土的密度是指土的单位体积质量，是土的基本物理性质指标之一，其单位为 g/cm^3。当用国际单位制计算土的重力时，由土的质量产生的单位体积的重力称为重力密度 γ，简称重度，其单位是 kN/m^3。重度由密度乘以重力加速度求得，即 $\gamma=\rho g$。土的密度一般是指土的湿密度 ρ，相应的重度称为湿重度 γ，除此以外还有土的干密度 ρ_d、饱和密度 ρ_{sat} 和有效密度 ρ'，相应的有干重度 γ_d、饱和重度 γ_{sat} 和有效重度 γ'。土的密度的计算公式为：

$$\rho=\frac{m}{V} \tag{1-6}$$

式中 m ——土的总质量，t、kg 或 g；

V ——土的总体积，cm^3 或 m^3。

1.3.4 试验方法

密度试验方法有环刀法、蜡封法、灌水法和灌砂法等。对于细粒土，宜采用环刀法；对于易碎裂、难以切削的土，可用蜡封法；对于现场粗粒土，可用灌水法或灌砂法。本试验主要介绍环刀法。

环刀法就是采用一定体积环刀切取土样并称土质量的方法，环刀内土的质量与环刀体积之比即为土的密度。环刀法操作简便且准确，在室内和野外均普遍采用，但环刀法只适用于测定不含砾石颗粒的细粒土的密度。

1.3.5 试验步骤

（1）按工程需要取原状土或人工制备所需要求的扰动土样，其直径和高度应大于环刀的尺寸，整平两端放在玻璃板上。

（2）在环刀内壁涂一薄层凡士林，将环刀的刀刃向下放在土样上面，然后用手将环刀垂直下压，边压边削，至土样上端伸出环刀为止，根据试样的软硬程度，采用钢丝锯或修土刀将两端余土削去修平，并及时在两端盖上圆玻璃片，以免水分蒸发。

（3）擦净环刀外壁，拿去圆玻璃片，然后称取环刀加土质量，准确至0.1g。

1.3.6 成果整理

按下列公式计算湿密度和干密度：

$$\rho=\frac{M_1-M_2}{V}=\frac{M}{V} \tag{1-7}$$

$$\rho_d=\frac{\rho}{1+w} \tag{1-8}$$

式中 ρ ——湿密度，g/cm^3；

ρ_d ——干密度，g/cm^3；

M_1 ——环刀及土的质量，g；

M_2 ——环刀的质量，g；

M ——湿土的质量，g；

V ——环刀的体积，g/cm^3；

w——含水率，%。

环刀法试验应进行两次平行测定，两次测定的密度差值不得大于0.03g/cm³，并取其两次测值的算术平均值，见表1-3。

表1-3　　密度试验记录表（环刀法）

工程名称＿＿＿＿＿＿　　工程编号＿＿＿＿＿＿　　试验日期＿＿＿＿＿＿

试 验 者＿＿＿＿＿＿　　计 算 者＿＿＿＿＿＿　　校 核 者＿＿＿＿＿＿

试样编号	土样类别	环刀号	环刀＋湿土质量（g）	环刀质量（g）	湿土质量（g）	环刀容积（cm^3）	湿密度（g/cm^3）	平均湿密度（g/cm^3）	含水率（%）	干密度（g/cm^3）	平均干密度（g/cm^3）

1.3.7 注意事项

（1）当土样坚硬、易碎或含有粗颗粒不易修成规则形状，采用环刀法有困难时，可采用蜡封法，即将需测定的试样，称重后浸入融化的石蜡中，使试样表面包上一层蜡膜，分别称（蜡＋土）在空气中及水中的质量，已知蜡的密度，通过计算便可求得土的密度。

（2）在野外现场遇到采用环刀取土困难，不能取原状土样时，一般可采用灌砂法进行现场密度测定，即在测定地点挖一圆土坑，称挖出的土质量，然后将事先标定的均匀颗粒的风干标准砂（知道密度）轻轻灌入土坑，利用砂去置换试坑体积，从而计算出土的密度。

思　考　题

（1）天然密度的测量方法是什么？

（2）密度和干密度的区别是什么？

（3）标准环刀体积是多少？

1.4　土粒比重试验

土粒的比重是土粒相对密度的简称，只能通过试验测得，由于天然土的颗粒是由不同的矿物组成的，它们的相对密度一般并不相同。试验测得的一般是土粒比重的平均值。

1.4.1　试验目的

熟练掌握测定土粒比重的方法，为计算土的孔隙比、饱和度以及其他物理力学试验提供必要的数据，是土的基本物理性质指标之一，也是评价土类的主要指标。

1.4.2　试验仪器

（1）比重瓶：容量100mL（或50mL），分长颈和短颈两种。

（2）天平：称量200g，分度值0.001g。

（3）恒温水槽：准确度±1℃。

（4）砂浴：能调节温度。

（5）真空抽气设备。

（6）温度计：测量范围0～50℃，分度值0.5℃。

（7）其他：如烘箱、纯水、中性液体（如煤油等）、孔径2mm及5mm筛、漏斗、滴管等。

1.4.3　基本概念

土粒的比重是土在温度105～110℃下烘至恒量时土粒质量与同体积4℃纯水质量的比值。其计算公式为：

$$d_s=\frac{m_s}{V_s(\rho_w)_{4℃}}=\frac{\rho_s}{(\rho_w)_{4℃}}=\frac{\gamma_s}{\gamma_w} \tag{1-9}$$

由试验测定的比重值代表整个试样内所有土粒比重的平均值，d_s是一个无量纲的参数，有时也称为相对密度，其数值大小取决于土粒的矿物成分，不同土的比重常见平均值变化范围如表1-4所示，若土中含有有机质和泥炭，其比重会明显地降低。

表1-4　土粒比重常见平均值变化范围

土的名称	砂土	粉土	黏性土		有机质	泥炭
			粉质黏土	黏土		
土粒比重 d_s	2.65～2.69	2.70～2.71	2.72～2.73	2.74～2.76	2.4～2.5	1.5～1.8

1.4.4 试验方法

根据土粒粒径的不同，土的比重试验可分别采用比重瓶法、浮称法或虹吸筒法。对于粒径小于5mm的土，采用比重瓶法进行；对于粒径大于等于5mm的土，且其中粒径为20mm的土质量小于总土质量的10%时，采用浮称法进行；对于粒径大于等于5mm的土，但其中粒径为20mm的土质量大于等于总土质量的10%时，采用虹吸筒法进行。本试验主要介绍比重瓶法。

比重瓶的校准，应按下列步骤进行：

(1) 将比重瓶洗净、烘干，置于干燥器内，冷却后称量，准确至0.001g。

(2) 将煮沸经冷却的纯水注入比重瓶。对长径比重瓶注水至刻度处；对短径比重瓶应注满纯水，塞紧瓶塞，多余水自瓶塞毛细管中溢出，将比重瓶放入恒温水槽直至瓶内水温恒定。取出比重瓶，擦干外壁，称瓶、水总质量，准确至0.001g。测定恒温水槽内水温，准确至0.5℃。

(3) 调节数个恒温水槽内的温度，温度差宜为5℃，测定不同温度下的瓶、水总质量。每个温度均应进行两次平行测定，两次测定的差值不得大于0.002g，取两次测值的平均值。绘制温度与瓶、水总质量的关系曲线，见图1-6。

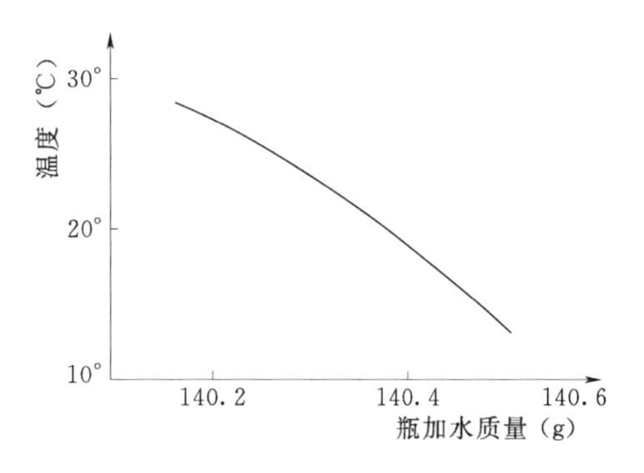

图1-6　温度和瓶、水质量关系曲线

1.4.5 试验步骤

(1) 先将洗净、烘干的比重瓶称其质量 m_1，准确至0.001g。

(2) 将过5mm筛并烘干后的土，取不低于15g装入比重瓶内，称试样和瓶的总质量 m_2，准确至0.001g。

(3) 将纯水注入已装有干土的比重瓶中至一半处，摇动比重瓶，将瓶放在电砂浴上煮沸，煮沸时间自悬液沸腾时算起，砂及低液限黏土应不少于30min，高液限黏土应不少于1h，使土粒分散。

(4) 将蒸馏水注入已煮好比重瓶至近满，待瓶内温度稳定及悬液上部澄清后，再加满蒸馏水，塞好瓶塞，使多余的水分自瓶塞毛细管中溢出。将瓶外水分擦干净，称瓶、水、土的总质量 m_3，准确至0.001g，称后马上测瓶内温度。

(5) 把瓶内悬液倒掉，把瓶洗干净，再注满蒸馏水，把瓶塞插上，使多余的水分自瓶塞毛细管中溢出，将瓶外水分擦干净，称比重瓶、水的总质量 m_4，准确至0.001g。

1.4.6 成果整理

按下式计算土的比重：

$$d_s = d_{wt}\frac{m_2 - m_1}{m_4 + m_2 - m_1 - m_3} \tag{1-10}$$

式中　d_s——土粒比重；

m_1——空瓶的质量，g；

m_2——瓶加干土的质量，g；

m_3——瓶加水加土的质量，g；

m_4——瓶加水的质量，g；

d_{wt}——t℃时蒸馏水的比重（可查相应的物理手册）。

不同温度时水的比重见表 1-5。

表 1-5　不同温度时水的比重（近似值）

水温（℃）	4.0～12.5	12.5～19.0	19.0～23.5	23.5～27.5	27.5～30.5	30.5～33.5
水的比重	1.000	0.999	0.998	0.997	0.996	0.995

本试验须同时进行两次平行测定，取其算术平均值，以两位小数表示，其平行差不得大于 0.02，见表 1-6。

表 1-6　比重试验记录表

工程名称＿＿＿＿＿　　　　　　　　　　　　试 验 者＿＿＿＿＿

试验日期＿＿＿＿＿　　　计 算 者＿＿＿＿＿　　　校 核 者＿＿＿＿＿

试样编号	比重瓶号	温度（℃）	液体比重	比重瓶质量（g）	瓶、干土质量（g）	干土质量（g）	瓶、液总质量（g）	瓶、液、土总质量（g）	与干土同体积水的质量（g）	比重	平均值	备注
		(1)	(2)	(3)	(4)	(5)	(6)	(7)	(8)	(9)		
		查表				(4)－(3)			(5)＋(6)－(7)	(5)/(8)×2		

1.4.7　注意事项

（1）比重瓶、土样一定要完全烘干。

（2）煮沸排气时，防止悬液溅出。

（3）称量时比重瓶外的水分必须擦干净。

（4）当土中含有可溶盐、亲水性胶体物质或有机质时，须用中性液体（如煤油）测定，采用真空抽气法排气。

（5）砂土煮沸容易使砂粒跳出，可采取真空抽气法排气。

思　考　题

（1）比重测定中悬液为什么要放在砂浴上煮沸？时间有什么要求？

(2) 列出各类土粒比重的一般数值范围。

1.5 土的颗粒分析试验

土体是三相介质，由固体颗粒、水和气所组成，其中决定土体性质的是固体颗粒。土体固体颗粒的主要特征是颗粒大小和矿物组成，而矿物组成与固体颗粒的大小也有关系。因此固体颗粒的大小是描述土体工程性质的重要手段。土体的颗粒大小就是由颗粒分析试验来确定的。颗粒分析试验是进行粗粒土分类定名的重要依据。

1.5.1 试验目的

(1) 测定干土中各种粒组所占该土总质量的百分数，借以明了颗粒大小分布及级配组成。

(2) 供土分类及概略判断土的工程性质及作建筑材料用。

(3) 熟练掌握土的颗粒分析的各种试验方法。

1.5.2 试验仪器

1.5.2.1 筛析法仪器设备

(1) 分析筛：

1) 粗筛，孔径为 60mm、40mm、20mm、10mm、5mm、2mm。

2) 细筛，孔径为 2.0mm、1.0mm、0.5mm、0.25mm、0.075mm。

(2) 天平：称量 5000g，最小分度值 1g；称量 1000g，最小分度值 0.1g；称量 200g，最小分度值 0.01g。

(3) 振筛机：筛析过程中应能上下震动。

(4) 其他：烘箱、研钵、瓷盘、毛刷等。

1.5.2.2 比重计法仪器设备

(1) 密度计：甲种密度计，刻度－5～50℃，最小分度值为 0.5℃。

(2) 量筒：内径约 60mm，容积 1000mL，高约 420mm，刻度 0～1000mL，准确至 10mL。

(3) 洗筛：孔径 0.075mm。

(4) 洗筛漏斗：上口直径大于洗筛直径，下口直径略小于量筒内径。

(5) 天平：称量 1000g，最小分度值 0.1g；称量 200g，最小分度值 0.01g。

(6) 搅拌器：轮径 50mm，孔径 3mm，杆长约 450mm，带螺旋叶。

(7) 煮沸设备：附冷凝管装置。

(8) 温度计：刻度 0～50℃，最小分度值 0.5℃。

(9) 其他：秒表，锥形瓶（容积 500mL）、研钵、木杵、电导率仪等。

本试验所用试剂，应符合下列规定：

(1) 4%六偏磷酸钠溶液：溶解 4g 六偏磷酸钠 [$(NaPO_3)_6$] 于 100mL 水中。

(2) 5%酸性硝酸银溶液：溶解 5g 硝酸银（$AgNO_3$）于 100mL 的 10%硝酸（HNO_3）溶液中。

(3) 5%酸性氯化钡溶液：溶解 5g 氯化钡（$BaCl_2$）于 100mL 的 10%盐酸（HCl）溶

液中。

1.5.3　基本概念

土颗粒的大小相差悬殊，从大于几十厘米的漂石到小于几微米的胶粒，同时由于土粒的形状往往是不规则的，很难直接测量其大小，只能用间接的方法来定量地描述土粒的大小及各种颗粒的相对含量。工程上常用不同粒径颗粒的相对含量来描述土的颗粒组成情况，这种指标称为粒度成分，它可以描述土中不同粒径土粒的分布特征。土中所含各粒组的相对含量，以土粒总重的百分数表示，称为土的颗粒级配。为了定量说明问题，工程中常用不均匀系数 C_u 和曲率系数 C_s 来反映土颗粒级配的不均匀程度。

不均匀系数

$$C_u=\frac{d_{60}}{d_{10}} \tag{1-11}$$

曲率系数

$$C_s=\frac{d_{30}^2}{d_{60}d_{10}} \tag{1-12}$$

式中　d_{10}——累计曲线上小于某一粒径的土粒的百分含量分别为10%时所对应的粒径，称为有效粒径。

d_{30}——累计曲线上小于某一粒径的土粒的百分含量分别为30%时所对应的粒径，称为中值粒径。

d_{60}——累计曲线上小于某一粒径的土粒的百分含量分别为60%时所对应的粒径，称为限制粒径。

1.5.4　试验方法

1.5.4.1　筛析法颗粒分析试验原理

对应于粒径大于0.075mm的粗粒土，一般用筛析法分析土颗粒大小。筛析法是采用不同孔径的分析筛，由上至下孔径自大到小叠在一起。通过筛析后，得到不同孔径筛上土质量，进而计算出粒组含量和累积含量。

1.5.4.2　比重计法颗粒分析试验原理

对应于粒径小于0.075mm的细粒土，采用比重计法。小球体在水中下沉时满足：

（1）小球体在水中沉降的速度是恒定的。

（2）小球体沉降速率与球体直径 d 的平方成正比。比重计法正是利用这一原理来进行颗粒分析的。

密度计是测定液体密度的仪器。它的主体是个玻璃浮泡，浮泡下端有固定的重物，使密度计能直立地浮于液体中；浮泡上为细长的刻度杆，其上有刻度数和读数。目前，使用的有甲种密度计和乙各密度计两种型号，本试验采用甲种密度计。甲种密度计刻度杆上的刻度单位表示20℃时每1000cm³悬液内所含土粒的质量。由于受试验室多种因素的影响，若悬液温度不是20℃时悬液的密度（或土粒质量），必须将初读数经温度校正；此外，还需进行弯液面校正、刻度校正、分散剂校正。

本试验采用斯托克斯公式来求土粒在静水中沉降速度；密度计法是通过测定土粒直沉降速度后求相应的土粒直径，如下式所示：

$$d=\sqrt{\frac{1800\times10^4\eta}{(G_s-G_{wT})\ \rho_{wTg}}\frac{L}{t}} \tag{1-13}$$

各符号见操作步骤中说明。

已知密度的均匀悬液在静置过程中，由于不同粒径土粒的下沉速度不同，粗、细颗粒发生分异现象。随粗颗粒不断沉至容器底部，悬液密度逐渐减小。密度计在悬液中之沉浮决定于悬液之密度变化。密度大时浮得高，读数大；密度小时浮得低，读数小。若悬液静置一定时间 t 后，将密度计放入盛有悬液的量筒中，可根据密度计刻度杆与液面指示的读数测得某深度 H_t（称有效深度）处的密度，并可按上述公式求出下沉至 H_t 处的最大粒径 d；同时，通过计算即可求出 H_t 处单位体积悬液中直径小于 d 的土粒含量，以及这种土粒在全部土样中所占的百分含量。由于悬液在静置过程中密度逐渐减小，相隔一段时间测定一次读数，就可以求出不同粒径在土中之相对含量。

1.5.5　试验步骤

1.5.5.1　筛析法试验步骤

（1）按表 1－7 的规定称取试样质量，应准确至 0.1g，试样数量超过 500g 时，应准确至 1g。

表 1－7　　取　样　数　量

颗粒尺寸（mm）	＜2	＜10	＜20	＜40	＜60
取样数量（g）	100～300	300～1000	1000～2000	2000～4000	4000 以上

（2）将试样过 2mm 筛，称筛上和筛下的试样质量。当筛下的试样质量小于试样总质量的 10％时，不作细筛分析；筛上的试样质量小于试样总质量的 10％时，不作粗筛分析。

（3）取筛上的试样倒入依次叠好的粗筛中，筛下的试样倒入依次叠好的细筛中，进行筛析。细筛宜置于振筛机上震筛，振筛时间宜为 10～15min。再按由上而下的顺序将各筛取下，称各级筛上及底盘内试样的质量，应准确至 0.1g。

（4）筛后各级筛上和筛底上试样质量的总和与筛前试样总质量的差值，不得大于试样总质量的 1％。（注：根据土的性质和工程要求可适当增减不同筛径的分析筛）。

（5）小于某粒径的试样质量占试样总质量的百分比，应按下式计算：

$$X=(m_A/m_B)\,d_x \tag{1-14}$$

式中　X——小于某粒径的试样质量占试样总质量的百分比，％；

m_A——小于某粒径的试样质量，g；

m_B——细筛分析时为所取的试样质量；粗筛分析时为试样总质量，g；

d_x——粒径小于 2mm 的试样质量占试样总质量的百分比，％。

（6）以小于某粒径的试样质量占试样总质量的百分比为纵坐标，颗粒粒径为横坐标，在单对数坐标上绘制颗粒大小分布曲线，见图 1－7。

（7）计算级配指标：不均匀系数和曲率系数。

1.5.5.2　比重计法试验步骤

（1）试验的试样，宜采用风干试样。当试样中易溶盐含量大于 0.5％时，应洗盐。易溶盐含量的检验方法可用电导法或目测法。

1）电导法，按电导率仪使用说明书操作测定 T℃时，试样溶液（土水比为 1∶5）的

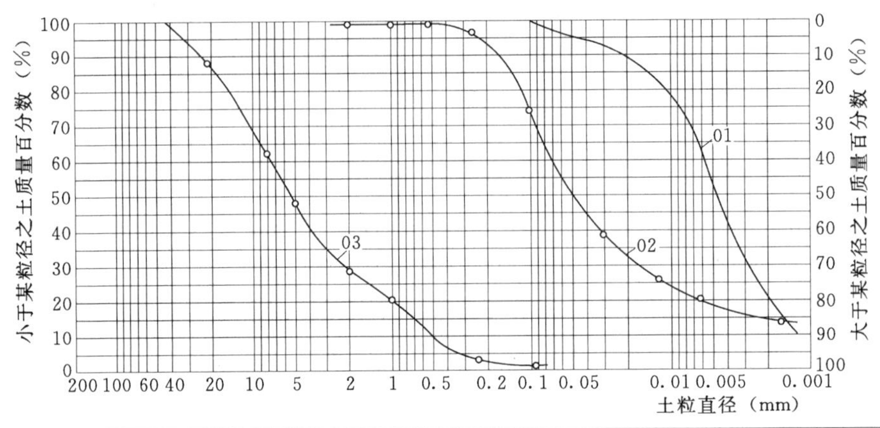

卵石或碎石	粗	中	细	粗	中	细	粉粒	黏粒
	砾			砂粒				

工程编号__________　　试 验 者__________

钻孔编号__________　　计 算 者__________

土样说明__________　　制 图 者__________

试验日期__________　　校 核 者__________

试样编号	粗粒土（>0.075mm）					土的分类	细粒土（<0.075mm）	
	>60%	砾	砂	C_u	C_s		0.075～0.005	<0.005

图 1-7　颗粒大小分布曲线

电导率，并按下式计算 20℃时的电导率：

$$K_{20}=\frac{K_T}{1+0.02\ (T-20)} \tag{1-15}$$

式中　K_{20}——20℃时悬液的电导率，μS/cm；

K_T——T℃时悬液的电导率，μS/cm；

T——测定时悬液的温度，℃。

当 $K_{20}>1000$μS/cm 时应盐洗。

2）目测法：取风干试样 3g 于烧杯中，加适量纯水调成糊状研散，再加纯水 25mL，煮沸 10min，冷却后移入试管中，放置过夜，观察试管，出现凝聚现象应洗盐。

（2）称取具有代表性风干试样 200～300g，过 2mm 筛，求出筛上试样占试样总质量的百分比，取筛下土测定试样风干含水率。

（3）将土样拌和均匀，称取 30g 的风干土样作为试样，当采用天然含水量为 w 土样作为试样时，当易溶盐含量小于 1%时：

$$m_0=30\ (1+0.01w) \tag{1-16}$$

当易溶盐含量大于等于 1%时：

$$m_0=\frac{30\ (1+0.01w)}{1-W} \tag{1-17}$$

式中 W——易溶盐含量，%。

(4) 将风干试样或洗盐后在滤纸上的试样，倒入 500mL 锥形瓶，注入纯水 200mL，浸泡过夜，然后置于煮沸设备上煮沸，煮沸时间宜为 40min。

(5) 试验冷却后，倒入进行颗粒分析试验用的量筒中，将烧杯中土洗净并全部倒入量筒中，加入 4%六偏磷酸钠 10mL 或 10%的硅酸钠，再注入纯水至 1000mL。

(6) 将搅拌器放入量筒中，沿悬液深度上下搅拌 1min，取出搅拌器，立即开动秒表，将密度计放入悬液中，测记 0.5min、1min、2min、5min、15min、30min、60min、120min 和 1440min 时的密度计读数。每次读数均应在预定时间前 10～20s，将密度计放入悬液中。且接近读数的深度，保持密度计浮泡处在量筒中心，不得贴近量筒内壁。

(7) 密度计读数均以弯液面上缘为准，甲种密度计应准确至 0.5。每次读数后，应取出密度计放入盛有纯水的量筒中，并应测定相应的悬液温度，准确至 5℃，放入或取出密度计时，应小心轻放，不得扰动悬液。

表 1-8　　土粒比重校正表

土粒比重	校正值 C_G	土粒比重	校正值 C_G	土粒比重	校正值 C_G	土粒比重	校正值 C_G
2.50	1.038	2.60	1.012	2.70	0.989	2.80	0.969
2.52	1.032	2.62	1.007	2.72	0.985	2.82	0.965
2.54	1.027	2.64	1.002	2.74	0.981	2.84	0.961
2.56	1.022	2.66	0.998	2.76	0.977	2.86	0.958
2.58	1.017	2.68	0.993	2.78	0.973	2.88	0.954

表 1-9　　悬液温度校正表

温度（℃）	校正值 m_T	温度（℃）	校正值 m_T	温度（℃）	校正值 m_T	温度（℃）	校正值 m_T
10.0	−2.0	15.5	−1.1	21.5	+0.5	27.0	+2.5
10.5	−1.9	16.0	−1.0	22.0	+0.6	27.5	+2.6
11.0	−1.9	16.5	−0.9	22.5	+0.8	28.0	+2.9
11.5	−1.8	17.0	−0.8	23.0	+0.9	28.5	+3.1
12.0	−1.8	17.5	−0.7	23.5	+1.1	29.0	+3.3
12.5	−1.7	18.0	−0.5	24.0	+1.3	29.5	3.5
13.0	−1.6	18.5	−0.4	24.5	+1.5	30.0	+3.7
13.5	−1.5	19.0	−0.3	25.0	+1.7		
14.0	−1.4	19.5	−0.1	25.5	+1.9		
14.5	−1.3	20.0	0.0	26.0	+2.1		
15.0	−1.2	21.0	+0.3	26.5	+2.2		

表 1-10　粒径计算系数 K 值表

密度＼温度	5	6	7	8	9	10	11	12	13	14	15	16	17
2.45	0.1385	0.1365	0.1344	0.1324	0.1305	0.1288	0.1270	0.1253	0.1235	0.1221	0.1205	0.1189	0.1173
2.50	0.1360	0.1342	0.1321	0.1302	0.1283	0.1267	0.1249	0.1232	0.1214	0.1200	0.1184	0.1169	0.1154
2.55	0.1339	0.1320	0.1300	0.1281	0.1262	0.1247	0.1229	0.1212	0.1195	0.1180	0.1165	0.1150	0.1135
2.60	0.1318	0.1299	0.1280	0.1260	0.1242	0.1227	0.1209	0.1193	0.1175	0.1162	0.1148	0.1132	0.1118
2.65	0.1298	0.1280	0.1260	0.1241	0.1224	0.1208	0.1190	0.1175	0.1158	0.1149	0.1130	0.1115	0.1100
2.70	0.1279	0.1261	0.1241	0.1223	0.1205	0.1189	0.1173	0.1157	0.1141	0.1127	0.1113	0.1098	0.1085
2.75	0.1261	0.1243	0.1224	0.1205	0.1187	0.1173	0.1156	0.1140	0.1124	0.1111	0.1096	0.1083	0.1069
2.80	0.1243	0.1225	0.1206	0.1188	0.1171	0.1156	0.1140	0.1124	0.1109	0.1095	0.1081	0.1067	0.1047
2.85	0.1226	0.1208	0.1189	0.1182	0.1164	0.1141	0.1124	0.1109	0.1094	0.1080	0.1067	0.1053	0.1039

密度＼温度	18	19	20	21	22	23	24	25	26	27	28	29	30
2.45	0.1159	0.1145	0.1130	0.1118	0.1103	0.1091	0.1078	0.1065	0.1054	0.1041	0.1032	0.1019	0.1008
2.50	0.1140	0.1125	0.1111	0.1099	0.1085	0.1072	0.1061	0.1047	0.1035	0.1024	0.1014	0.1002	0.0991
2.55	0.1121	0.1108	0.1093	0.1081	0.1067	0.1055	0.1044	0.1031	0.1019	0.1007	0.0998	0.0986	0.0975
2.60	0.1103	0.1090	0.1075	0.1064	0.1050	0.1038	0.1028	0.1014	0.1003	0.0992	0.0982	0.0971	0.0960
2.65	0.1085	0.1073	0.1059	0.1043	0.1035	0.1023	0.1012	0.0999	0.0988	0.0977	0.0967	0.0956	0.0945
2.70	0.1071	0.1058	0.1043	0.1033	0.1019	0.1007	0.0997	0.0984	0.0973	0.0962	0.0953	0.0941	0.0931
2.75	0.1055	0.1031	0.1029	0.1018	0.1004	0.0993	0.0982	0.0970	0.0959	0.0948	0.0940	0.0928	0.0918
2.80	0.1040	0.1088	0.1014	0.1003	0.0990	0.0979	0.0960	0.0957	0.0946	0.0935	0.0926	0.0914	0.0905
2.85	0.1026	0.1014	0.1000	0.0990	0.0977	0.0966	0.0956	0.0943	0.0933	0.0923	0.0913	0.0903	0.0893

注　温度单位为℃，密度单位为 g/cm^3。

(8) 如试验完成后发现第一次读数时，下沉土粒已超过筒中土重的15%时，将筒中土过0.075mm筛，然后按筛析法进行粗粒土的颗粒分析试验。

(9) 小于某粒径的试样质量占试样总质量的百分比应按下式计算：

$$X=\frac{100}{m_d}C_G\ (R+m_T+m+n-C_D)\ \text{（甲种密度计）} \qquad (1-18)$$

式中　X——小于某粒径的试样质量百分比，%；

m_d——试样干质量，g；

C_G——土粒比重校正值（查表1-8）；

m_T——悬液温度校正值（查表1-9）；

C_D——弯月面校正值；

R——甲种密度计读数。

(10) 试样颗粒粒径按下式计算：

$$d=K\sqrt{\frac{L}{t}} \tag{1-19}$$

其中
$$K=\sqrt{\frac{1800\times10^4\cdot\eta}{(G_s-G_{wT})\rho_{wT}g}}$$

式中 d——试样颗粒粒径，mm；

K——粒径计算系数（查表1-10）；

η——水的动力黏滞系数，kPa·s×10^{-6}；

G_{wT}——T℃时水的比重；

ρ_{wT}——4℃时纯水的密度，g/cm^3；

L——某一时间内的土粒沉降距离，cm；

t——沉降时间，s；

g——重力加速度，cm/s^2。

（11）颗粒大小分布曲线，应按筛析法中规定的步骤绘制，当密度计法和筛析法联合分析时，应将试样总质量折算后绘制颗粒大小分布曲线；并应将两段曲线连成一条平滑的曲线。

1.5.6 成果整理

筛析法试验的记录格式见表1-11。

表1-11　　颗粒大小分析试验记录（筛析法）

工程名称________　工程编号________　试验日期________

试 验 者________　计 算 者________　校 核 者________

风干土质量=______g　　小于0.075mm的土占总土质量百分数=______%

2mm筛上土质量=______g　　小于2mm的土占总土质量百分数 d_x=______%

2mm筛下土质量=______g　　细筛分析时所取试样质量=______g

筛号	孔径（mm）	累计留筛土质量（g）	小于该孔径的土质量（g）	小于该孔径的土质量百分数（%）	小于该孔径的总土质量百分数（%）
底盘总计					

密度计法试验的记录格式见表1-12。

表 1-12　　颗粒大小分析试验记录（密度计法）

工程名称＿＿＿＿　　工程编号＿＿＿＿　　试验日期＿＿＿＿

试 验 者＿＿＿＿　　计 算 者＿＿＿＿　　校 核 者＿＿＿＿

小于 0.075mm 颗粒土质量百分数＝＿＿＿＿%　　密度计号＿＿＿＿

湿土质量＿＿＿＿　　量筒号＿＿＿＿

含水率＿＿＿＿　　烧瓶号＿＿＿＿

干土质量＿＿＿＿　　土粒比重＿＿＿＿

含盐量＿＿＿＿　　比重校正值＿＿＿＿

试样处理说明＿＿＿＿　　弯液面校正值＿＿＿＿

试验时间	下沉时间 t（min）	悬液温度 T（℃）	密度计读数					土粒落距 L（cm）	粒径 d（mm）	小于某粒径的总土质量百分数（%）
			密度计读数 R	温度校正值 m_T	弯月面校正值 C_D	$R_M=R+m+n-C_D$	$RH=R_M+C_G$			

1.5.7　注意事项

（1）试验时应仔细检查分析筛叠放是否正确。

（2）试验时多震动，严格按要求操作。

（3）筛分时要细心，避免土样洒落，影响试验精度。

（4）称量好的干试样放入锥形瓶时应仔细操作，不要使土粒散落，煮沸冷却后的悬液倒入量筒中时要分次加入纯水，将锥形瓶内颗粒洗净倒入量筒中，并注意不要流失。

（5）搅拌悬液时，搅拌器沿悬液上下搅动，不要使悬液溅出筒外。

（6）持放密度计时应轻拿轻放，不要靠近筒壁，减少对悬液的扰动，并注意不要横持密度计，防止密度计折断损坏。

（7）试验前练习密度计读法。

（8）每次量测读数后，应立即将密度计从悬液中取出，小心放入盛有纯水的量筒中备用，注意量筒底部应放置橡胶垫，以防密度计损坏。

思　考　题

（1）何为土的级配？级配良好的土应满足什么条件？

（2）筛分试验试样总质量与累计留筛土质量不吻合时如何处理？

（3）说明颗粒大小分析试验的方法及适用条件。

（4）为了保证试验成果精度，筛分试验过程应注意哪些问题？

（5）颗粒级配曲线很陡说明土样有什么样的特点？

试验2　土的界限含水量试验

在生活中经常可以看到这样的现象，雨天土路泥泞不堪，车辆驶过便形成深深的车辙，而久晴以后土路却异常坚硬。这种现象说明土的工程性质与它的含水量有着十分密切的关系，因此需要定量地加以研究，即土的界限含水量试验。

土体是三相介质，由固体颗粒、水和气所组成，尽管决定土体性质的是固体颗粒，但是水对土体特别是细颗粒土产生很大的影响。随着含水率的变化土体可能呈现固态、半固态、可塑态和流态，其中的分界含水率即为界限含水率，其中区别半固态与可塑态的界限含水率称为塑限，区别可塑态与流态的界限含水率称为液限，塑限和液限能够通过试验方法测定。

由液限和塑限能够确定塑性指数，进而进行细粒土的分类定名。根据天然含水率和液限、塑限能够确定土体的液性指数，进而能够判定黏性土的稠度状态，即软硬程度，因此液限和塑限是进行黏性土的分类定名和物理状态评价的重要指标。界限含水率试验一般采用液、塑限联合测定法，此外也可以采用碟式仪测定液限，配套采用搓条法测定塑限，前者目前应用得更加普遍。

2.1　土的液限试验

2.1.1　试验目的

（1）掌握土的液限含水量试验的基本原理。

（2）了解试验的仪器设备，熟悉试验方法和操作步骤。

（3）掌握液限含水量的计算方法和试验成果的整理。

2.1.2　试验仪器

（1）圆锥液限仪（图2-1），主要有三个部分：①质量为76g且带有平衡装置的圆锥，锤角30°，高25mm，距锥尖10mm处有环状刻度；②用金属材料或有机玻璃制成的试样杯，直径不小于40mm，高度不小于20mm；③硬木或金属制成的平稳底座。

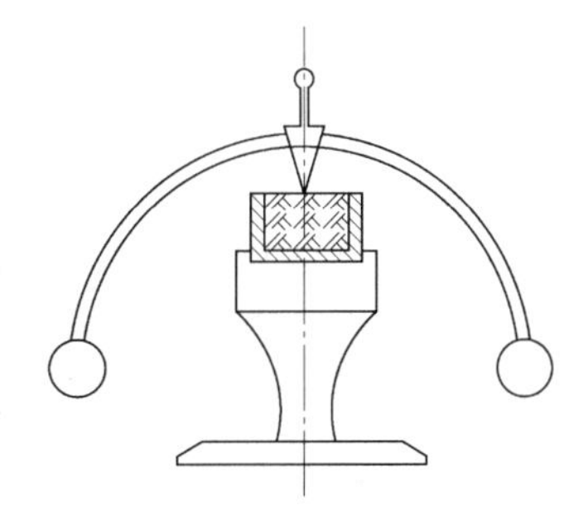

图2-1　圆锥液限仪

（2）称量200g、最小分度值0.01g的天平。

（3）烘箱、干燥器。

（4）铝制称量盒、调土刀、小刀、毛玻璃板、滴管、吹风机、孔径为0.5mm标准筛、研钵等设备。

2.1.3　基本概念

流动状态与可塑状态间的分界含水量称为液限。含水量很大时土就成为泥浆，是一种黏滞流动的液体，称为流动状态；含水量逐渐减少时，黏滞流动的特点渐渐消失而显示出塑性（或可塑性）。所谓塑性就是指可以塑成任何形状而不发生裂缝，并在外力解除以后能保持已有形状而不恢复原状的性质。

黏土的可塑性是一个十分重要的性质，对于陶瓷工业、农业和土木工程都有重要的意义。

2.1.4　试验方法

液限是区分黏性土可塑状态和流动状态的界限含水率，测定土的液限主要有圆锥仪法、碟式仪法等试验方法，也可采用液塑限联合测定法测定土的液限。这里介绍圆锥仪液限试验。

圆锥仪液限试验就是将质量为 76g 圆锥仪轻放在试样的表面，使其在自重作用下沉入土中，若圆锥体经过 5s 恰好沉入土中 10mm 深度，此时试样的含水率就是液限。

2.1.5　试验步骤

（1）选取具有代表性的天然含水率土样或风干土样，若土中含有较多大于 0.5mm 的颗粒或夹有多量的杂物时，应将土样风干后用带橡皮头的研杵研碎或用木棒在橡皮板上压碎，然后再过 0.5mm 的筛。

（2）当采用天然含水率土样时，取代表性土样 250g，将试样放在橡皮板上用纯水将土样调成均匀膏状，然后放入调土皿中，盖上湿布，浸润过夜。

（3）将土样用调土刀充分调拌均匀后，分层装入试样杯中，并注意土中不能留有空隙，装满试杯后刮去余土使土样与杯口齐平，并将试样放在底座上。

（4）将圆锥仪擦拭干净，并在锥尖上抹一薄层凡士林，两指捏住圆锥仪手柄，保持锥体垂直，当圆锥仪锥尖与试样表面正好接触时，轻轻松手让锥体自由沉入土中。

（5）放锥后约经 5s，锥体入土深度恰好为 10mm 的圆锥环状刻度线处，此时土的含水率即为液限。

（6）若锥体入土深度超过或小于 10mm 时，表示试样的含水率高于或低于液限，应该用小刀挖去黏有凡士林的土，然后将试样全部取出，放在橡皮板或毛玻璃板上，根据试样的干、湿情况，适当加纯水或边调边风干重新拌和，然后重复（3）～（5）试验步骤。

（7）取出锥体，用小刀挖去黏有凡士林的土，然后取锥孔附近土样约 10～15g，放入称量盒内，测定其含水率。

（8）平行测定：本试验须做两次平行测定，计算准确至 0.1%，取其结果的算术平均值；两次试验的平行差值不得大于 2%。

2.1.6　成果整理

按下式计算液限：

$$w_L=\frac{m_2-m_1}{m_1-m_0}\times 100\% \qquad (2-1)$$

式中　w_L——液限，%，精确至 0.1%；

m_1——干土加称量盒质量，g；

m_2——湿土加称量盒质量，g。

圆锥液限仪试验记录见表2-1。

表2-1　　圆锥仪液限试验记录表

工程编号＿＿＿＿＿＿　　　　计 算 者＿＿＿＿＿＿

试验日期＿＿＿＿＿＿　　　　校 核 者＿＿＿＿＿＿

试样编号	盒号	盒＋湿土质量（g）	盒＋干土质量（g）	盒质量（g）	水质量（g）	干土质量（g）	液限（%）	液限平均值（%）	备注

2.1.7 注意事项

（1）在制备好的试样中加水时，不能一次太多，特别初次宜少。

（2）试验前应先校核圆锥式液限仪的平衡性能，即液限仪的中心轴必须是竖直的。沉放液限仪时，两手应自然放松，放锥时要平稳。

思　考　题

（1）什么是土的液限含水量？其物理意义是什么？

（2）土的液限含水量的测定方法有哪些？

2.2　土的塑限试验

2.2.1　试验目的

（1）掌握土的塑限含水量试验的基本原理。

（2）了解试验的仪器设备，熟悉试验方法和操作步骤。

（3）掌握塑限含水量的计算方法和试验成果的整理。

2.2.2　试验仪器

（1）200mm×300mm 的毛玻璃板。

（2）分度值 0.02mm 的卡尺或直径 3mm 的金属丝。

（3）称量 200g、最小分度值 0.01g 的天平。

（4）烘箱、干燥器。

（5）铝制称量盒、滴管、吹风机、孔径为 0.5mm 的筛等。

2.2.3　基本概念

塑限是区分黏性土可塑状态与半固体状态的界限含水率。

2.2.4　试验方法

测定土的塑限的试验方法主要是滚搓法。滚搓法塑限试验就是用手在毛玻璃板上滚搓土条，当土条直径达 3mm 时产生裂缝并断裂，此时试样的含水率即为塑限。

2.2.5　试验步骤

（1）取代表性天然含水率试样或过 0.5mm 筛的代表性风干试样 100g，放在盛土皿中加纯水拌匀，盖上湿布，湿润静止过夜。

（2）将制备好的试样在手中揉捏至不黏手，然后将试样捏扁，若出现裂缝，则表示其含水率已接近塑限。

（3）取接近塑限含水率的试样 8～10g，先用手捏成手指大小的土团（椭圆形或球形），然后再放在毛玻璃上用手掌轻轻滚搓，滚搓时应以手掌均匀施压于土条上，不得使土条在毛玻璃板上无力滚动，在任何情况下土条不得有空心现象，土条长度不宜大于手掌宽度，在滚搓时不得从手掌下任何一边脱出。

（4）当土条搓至 3mm 直径时，表面产生许多裂缝，并开始断裂，此时试样的含水率即为塑限。若土条搓至 3mm 直径时，仍未产生裂缝或断裂，表示试样的含水率高于塑限；或者土条直径在大于 3mm 时已开始断裂，表示试样的含水率低于塑限，都应重新取样进行试验。

（5）取直径 3mm 且有裂缝的土条 3～5g，放入称量盒内，随即盖紧盒盖，测定土条的含水率。

2.2.6　成果整理

按式（2-2）计算塑限：

$$w_p=\frac{m_2-m_1}{m_1-m_0}\times 100\% \tag{2-2}$$

式中 w_p——塑限，%，精确至0.1%；

m_1——干土加称量盒质量，g；

m_2——湿土加称量盒质量，g。

塑限试验需进行两次平行测定，并取其算术平均值，其平行差值不得大于2%。

试验记录表见表2-2。

表2-2　　滚搓法塑限试验记录表

工程编号＿＿＿＿＿　　　　计 算 者＿＿＿＿＿

试验日期＿＿＿＿＿　　　　校 核 者＿＿＿＿＿

试样编号	盒号	盒+湿土质量（g）	盒+干土质量（g）	盒质量（g）	水质量（g）	干土质量（g）	塑限（%）	塑限平均值（%）	备注

2.2.7 注意事项

（1）在搓条时用力要均匀，避免出现空心或卷心现象。保持手掌和毛玻璃的清洁。

（2）在任何含水量情况下，试样搓到大于3mm就发生断裂，说明该土无塑性。

思　考　题

（1）什么是土的塑限含水量？其物理意义是什么？

（2）土的塑限含水量的测定方法有哪些？

2.3　土的液限与塑限联合测定试验

2.3.1　试验目的

细粒土由于含水率不同，分别处于流动状态，可塑状态、半固体状态和固体状态。液限是细粒土呈可塑状态的上限含水率，塑限是细粒土呈可塑状态的下限含水率。本试验是测定细粒土的液限和塑限含水量，用作计算土的塑性指标和液性指数，按塑性指数或塑性图对黏性土进行分类，并可结合土体的原始孔隙比来评价黏性土地基的承载能力。

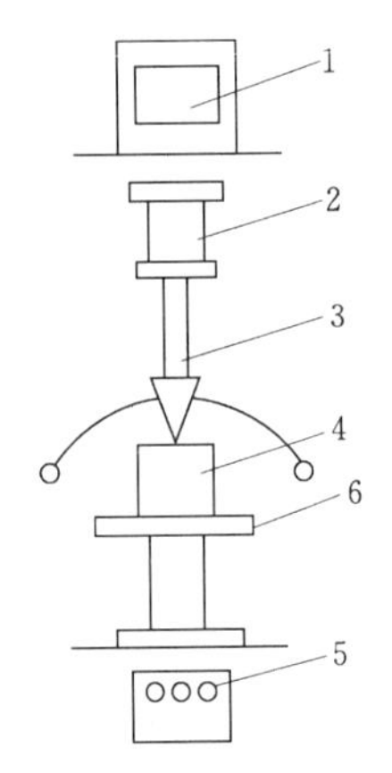

图 2-2　液、塑限联合测定仪示意图
1—显示屏；2—电磁铁；3—带标尺的圆锥仪；4—试样杯；5—控制开关；6—升降座

2.3.2　试验仪器

（1）液、塑限联合测定仪：包括带标尺的圆锥仪、电磁铁、显示屏、控制开关、试样杯。圆锥仪质量 76g，锥角为 30°（图 2-2）。

（2）分度值 0.02mm 的卡尺。

（3）称量 200g、最小分度值 0.01g 的天平。

（4）烘箱。

（5）铝制称量盒、调土刀、孔径为 0.5mm 的筛、滴管、吹风机、凡士林等。

2.3.3　基本概念

1. 塑性指数

可塑性是黏性土区别于砂土的重要特征。可塑性的大小用土体处在塑性状态的含水量变化范围来衡量，从液限到塑限含水量的变化范围愈大，土的可塑性愈好。这个范围称为塑性指数 I_p。

$$I_p = w_L - w_p \qquad (2-3)$$

塑性指数习惯上用不带%的数值表示，即 I_p 为液限、塑限分子之差。

I_p 是土的最基本、最重要的物理指标之一，它综合地反映了土的物质组成，广泛应用于土的分类和评价。

2. 液性指数

土的天然含水量是反映土中水量多少的指标，在一定程度上说明土的软硬、干湿状况。但仅有含水量的绝对数值却不能确切地说明土处在什么状态。如果有几个含水量相同的土样，但它们的塑限、液限不同，那么这些土样所处的状态可能不同。例如，土样的含水量为 32%，则对于液限为 30%的土是处于流动状态，而对液限为 35%的土来说则是处于可塑状态。因此，需要提出一个能表示天然含水量与界限含水量相对关系的指标——液性指数 I_L 来描述土的状态。

天然含水量与塑限之差除以塑性指数，称为黏性土的液性指数，即

$$I_L=\frac{w-w_p}{I_p}=\frac{w-w_p}{w_L-w_p} \tag{2-4}$$

液性指数是表示黏性土软硬程度的一个物理指标，I_L 越大，表示土越软。若 $w\leqslant w_p$，即 $I_L<0$，表示土体处于固体状态或半固体状态；若 $w_p<w\leqslant w_L$，即 $I_L=0\sim1$，表示土体处于可塑状态；若 $w>w_L$，即 $I_L>1$，则表示土体处于流动状态。

2.3.4 试验方法

液、塑限联合测定法是根据圆锥仪的圆锥入土深度与其相应的含水率在双对数坐标上具有线性关系的特性来进行的。利用圆锥质量为 76g 的液塑限联合测定仪测得土在不同含水率时的圆锥入土深度，并绘制其关系直线图，在图上查得圆锥下沉深度为 10mm（或 17mm）所对应的含水率即为液限，查得圆锥下沉深度为 2mm 所对应的含水率即塑限。

2.3.5 试验步骤

（1）制备试样：当土样均匀时，采用天然含水率的土制备试样（当土样不均匀时，采用风干土制备试样，取过 0.5mm 筛下的代表性土样），用纯水分别将土样调成接近液限、塑限和二者中间状态的均匀土膏，放入保湿器，浸润 24h。

（2）装土入试样杯：将土膏用调土刀充分调拌均匀，分层密实填入试样杯中，填满后刮平试样表面。

（3）接通电源：将试样杯放在联合测定仪的升降座上，在圆锥仪上抹一薄层凡士林，接通电源，使电磁铁吸稳圆锥。

（4）调节屏幕准线：将屏幕上的标尺调在零位刻线处，调整升降座，使圆锥尖刚好接触试样表面，指示灯亮时圆锥在自重作用下沉入试杯，经 5s 后测读圆锥下沉深度。

（5）测含水率：取出试样杯，挖去锥尖入土处的凡士林，取锥体附近的试样不少于 10g，放入称量盒内，测含水率。

（6）重复以上步骤分别测定其余两个试样的圆锥下沉深度及相应的含水率。液塑限联合测定应不少于三个试样（一般圆锥入土深度宜分别控制在 3～4mm、7～9mm、15～17mm）。

2.3.6 成果整理

（1）按下式计算含水率：

$$w=\left(\frac{m}{m_s}-1\right)\times100\% \tag{2-5}$$

式中 w——含水率，%，计算精确至 0.1%；

m——湿土质量，g；

m_s——干土质量，g。

（2）绘制锥入深度 h 与含水量 w 的关系曲线（图 2-3）。

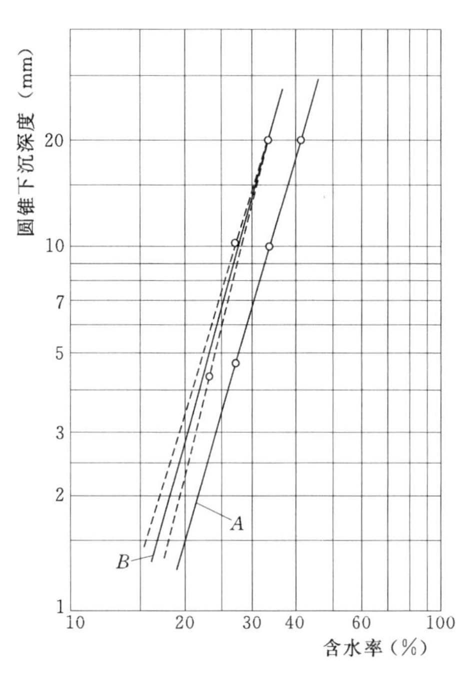

图 2-3　圆锥下沉深度与含水率关系曲线

以含水量 w 为横坐标，锥入深度 h 为纵坐标，在双对数坐标纸上绘制 h—w 的关系曲线。

1）连此三点，应呈一条直线。

2）当三点不在一直线上，通过高含水量的一点分别与其余两点连成两条直线，在圆锥下沉深度为 2mm 处查得相应的含水量，当两个含水量的差值小于 2%，应以该两点含水量的平均值与高含水量的点连成一直线。

3）当两个含水量的差值大于 2%时，应重做试验。

（3）在含水率与圆锥下沉深度的关系图上查得下沉深度为 17mm 所对应的含水率为液限，查得下沉深度为 2mm 所对应的含水率为塑限，取值以百分数表示，准确至 0.1%。

（4）按式（2-3）、式（2-4）计算塑性指数 I_p、液性指数 I_L。

试验记录见表 2-3。

表 2-3　　液塑限联合测定试验记录计算表

工程编号＿＿＿＿＿＿　　　　计 算 者＿＿＿＿＿＿

试验日期＿＿＿＿＿＿　　　　校 核 者＿＿＿＿＿＿

土样编号	圆锥下沉深度（mm）	盒号	盒质量（g）	盒＋湿土质量（g）	盒＋干土质量（g）	水分质量（g）	干土质量（g）	含水率（%）	液限（%）	塑限（%）	塑性指数	液性指数

2.3.7 注意事项

（1）在试验中，锥连杆下落后，需要重新提起时，只需将测杆轻轻上推到位，便可自动锁住。

（2）试样杯放置到仪器工作平台上时，需轻轻平放，不与台面相互碰撞，更应避免其他金属等硬物与工作平台碰撞，有助于保持平台的平度。

（3）每次试验结束后，都应取下标准锥，用棉花或布擦干，存放干燥处。

（4）配生块要在标准锥上面螺纹上拧紧到位，尽可能间隙小。

（5）做试验前后，都应该保证测杆清洁。

（6）如果电源电压不稳，出现“死机”现象，各功能键失去作用，请将电源关掉，过了 3s 后，再重新启动即可。

思　考　题

（1）判断土的天然稠度状态要做什么试验？

（2）如何对黏性土进行工程分类？

（3）说明塑性指数、液性指数的物理意义。

试验3　土的动力特性测定试验

3.1　土的击实试验

3.1.1　试验目的

土在一定的压实效应下，如果含水率不同，则所得的密度也不相同。当压实能和压实方法不变时，土的干密度随含水率的增加而增加，当含水率继续增加时，土体的干密度反而减小。这是因为细粒土在含水率较低时颗粒表面形成薄膜水，摩擦增大，不易压实；当含水率继续增大时，颗粒表面结合水膜逐渐加厚，水体这时起到了润滑作用，在外力作用下，可以容易移动，便于压实，继续增加水量，只会增加空隙的体积，使干密度降低。

击实试验是利用标准化的锤击试验装置获得土的含水率与干密度之间的关系曲线，从而确定土的最大干密度和最优含水率的一种试验方法。击实试验的目的就是模拟施工现场的压实条件，测定试验土在一定击实次数下的最大干密度和相应的最优含水率，为保证在一定的施工条件下控制填土达到设计所要求的压实标准。施工中再结合现场土要求达到的干密度得到土的压实度，用以控制现场施工质量，所以击实试验是施工现场重要的试验项目。

3.1.2　试验仪器

目前我国室内击实试验仪有手动操作与电动自动操作两类，其所用的主要仪器设备有以下几种：

(1) 击实仪：包括击实筒、击锤及导筒。如图3-1和图3-2所示。其中击实筒、击锤和护筒等主要部件的尺寸规定见表3-1。

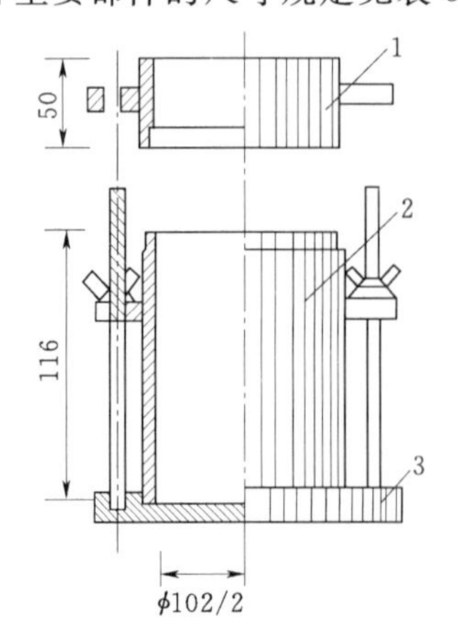

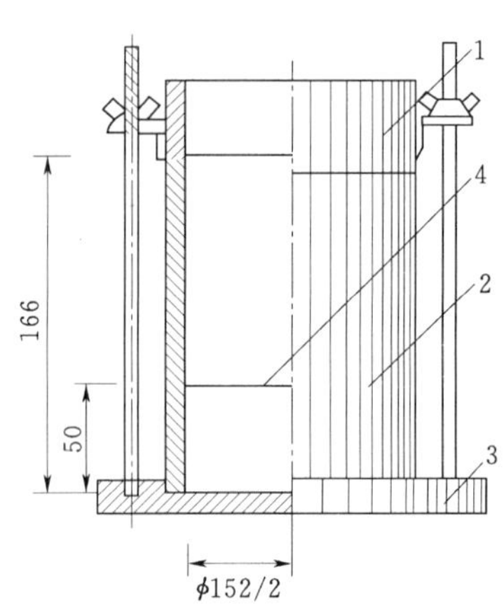

图3-1　击实筒（单位：mm）

1—套筒；2—击实筒；3—底板；4—垫块

表 3-1 击实仪主要部件尺寸

试验方法	锤底直径（mm）	锤质量（kg）	落高（mm）	击实筒			套筒高度（mm）
				内径（mm）	筒高（mm）	容积（cm^3）	
轻型	51	2.5	305	102	116	947.4	50
重型	51	4.5	457	152	116	2103.9	50

（2）天平：称量 200g，最小分度值 0.01g；称量 500g，最小分度值 1.0g。

（3）台秤：称量 10kg，最小分度值 5g。

（4）标准筛：孔径为 40mm、20mm 和 5mm 标准筛。

（5）试样推出器：宜用螺旋式千斤顶或液压式千斤顶，如无此类装置，也可用刮刀和修土刀从击实筒中取出试样。

（6）其他：烘箱、喷水设备、碾土设备、盛土器、修土刀、量筒和保湿设备等。

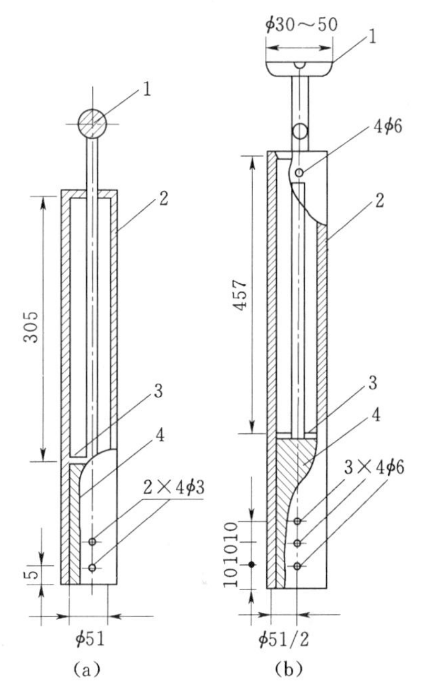

图 3-2 击锤与导桶（单位：mm）

（a）2.5kg 击锤；（b）4.5kg 击锤

1—提手；2—导筒；3—硬橡皮垫；4—击锤

3.1.3 基本概念

（1）土的压实性：土的压实性是指土体在短暂不规则荷载作用下密度增加的性状。土的压实程度与含水率、压实能和压实方法有着密切的关系，当压实能和压实方法确定时，土的干密度先是随着含水率的增加而增加；但当干密度达到某一值后，含水率的增加反而使干密度减小。能使土体达到最大密度时的含水率，称为最优含水率（optimum moisture content），用 w_{op} 表示，其相对应的干密度称为最大干密度（maximum dry density）用 $\rho_{d\max}$ 表示。土压实性的影响因素很多，包括土的含水率、土类及级配、压实能、毛细管压力以及孔隙压力等，其中前三种影响因素是最主要的。

（2）土的压实度：土的压实度定义为施工现场填土压实时要求达到的干密度 ρ_d 与室内击实试验所得到的最大干密度 $\rho_{d\max}$ 之比，用 λ_c 表示，可由式下式确定：

$$\lambda_c = \frac{\rho_d}{\rho_{d\max}} \times 100\% \tag{3-1}$$

因此，最大干密度是评价土的压实度的一个重要的指标，它的大小直接决定着现场填土的压实质量是否符合施工技术规范的要求。未经压实松软土的干密度为 1.12～1.33g/cm，经压实后可达 1.58～1.83g/cm，一般填土压实后约为 1.63～1.73g/cm。

3.1.4 试验方法

在试验室进行击实试验有很多方法。按击实方式分为冲击荷载试验、静荷载试验、准动荷载试验、振动荷载试验等。

3.1.5　试验步骤

3.1.5.1　试样制备

1. 干法制备

（1）取具有代表性的风干土体（轻型击实试验取 20kg，重型取 50kg）。

（2）将风干土样用碾压仪器碾散后轻型击实试验过 5mm 筛，一般试验过 20mm 筛，如重型击实试验过 40mm 筛。将筛下土样拌制均匀，并测定土样的风干含水率。

（3）根据土样预估的最优含水率，加水湿润制备不少于 5 组的式样。每组含水率依次相差 2%，且其中两组含水率大于塑限，两组小于塑限。按下式计算制备试样所需的加水量：

$$m_w=\frac{m_0}{1+0.01w_0}\times 0.01\ (w-w_0) \tag{3-2}$$

式中　m_w——所需的加水量，g；

m_0——风干含水率时土体质量，g；

w——要求达到的含水率，%；

w_0——风干时含水率，%。

（4）将试样 2.5kg（轻型击实试验）或 5.0kg（重型击实试验）平铺于不吸水的平板上，按预定含水率用喷雾器喷洒所需的加水量，充分搅和并分别装入塑料袋中静置 24h。

2. 湿法制备

（1）称取天然含水率的代表性土体（轻型 20kg，重型 50kg）碾散，按要求过筛，将筛下的土样拌匀，并测定含水率。

（2）根据土样的塑限预估最优含水率，按干法制备的原则选择至少 5 个含水率试样，分别将天然含水率的土样风干或加水进行制备，并将制备好的土样水分均匀分布。

3.1.5.2　试样击实

（1）将击实筒固定在底座上，装好护筒，并在击实筒内壁涂一薄层润滑油，检测仪器各部分部件及配套设施性能是否正常，并做好记录。

（2）将充分搅和的试样分层装入击实筒内。并将土样整平，分层击实。对于轻型击实试验，分 3 层铺土，每层土料铺土量应使击实后的试样高度略高于击实筒的 1/3，每层 25 击，分层击实。对于重型击实试验分 5 层铺土，每层土料铺土量应使击实后的试样高度略高于击实筒的 1/5，每层 56 击。对于手动击实，应保证击实锤自由铅直落下，击实点必须均匀落在试样上；若为机械击实，应将定数器调到所需击实处再进行击实。击实后每层试样高度应大致相等，对于接触土层应刨毛，击实完成后，超出击实筒顶的试样高度应小于 6mm。

（3）用修土刀沿护筒内壁削挖后，扭动取下护筒，沿击实筒修平土样，拆除底板卸下击实筒，擦净击实筒外壁，称出击实筒与试样的总质量，精确至 1g，并计算试样的湿密度。

（4）用推土器将试样从击实筒中推出，从试样中心处取两个一定量土料（轻型击实试验为 15～30g，重型击实试验为 50～100g）测定土的含水率，两个含水率的差值不大于 1%。

（5）按上述步骤重复对其他含水率的试样进行试验。

3.1.6 成果整理

（1）按下式计算击实后各试样的含水率：

$$w=\left(\frac{m}{m_d}\right)\times 100\% \tag{3-3}$$

式中 w——含水率，%；

m——湿土质量，g；

m_d——干土质量，g。

（2）按下式计算击实后各试样的干密度：

$$\rho_d=\frac{\rho}{1+0.01w} \tag{3-4}$$

式中 ρ_d——试样的干密度，g/cm³；

ρ——试样的湿密度，g/cm³；

w——试样的天然含水率，%。

（3）绘制干密度 ρ_d 与含水率 w 的关系曲线，如图 3-3 所示，以干密度为纵坐标，含水率为横坐标，取曲线峰值点相应纵坐标为最大干密度，相应横坐标为最优含水率。当曲线不能绘出峰值点时，应进行补点。击实试验一般不宜重复使用土样，以免影响准确性（重复使用土样会使最大干密度偏高）。

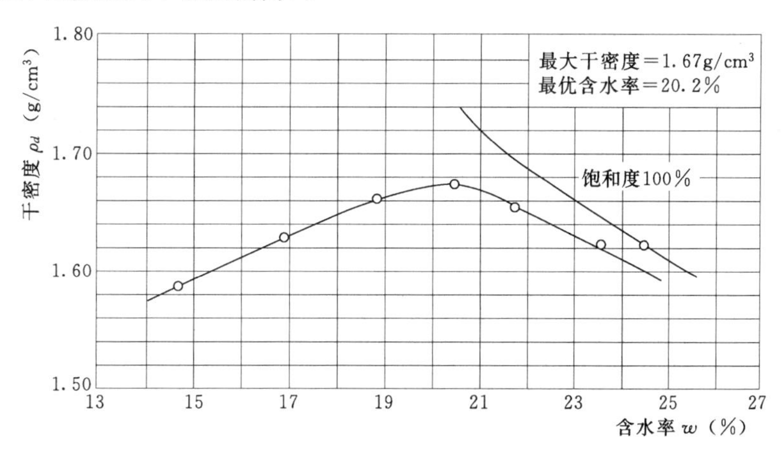

图 3-3 ρ_d—w 关系曲线

按下式计算土的饱和含水率：

$$w_{sat}=\left(\frac{\rho_w}{\rho_d}-\frac{1}{G_s}\right)\times 100\% \tag{3-5}$$

式中 w_{sat}——饱和含水率，%；

ρ_d——土的干密度，g/cm³；

ρ_w——水的密度，g/cm³；

G_s——土的比重。

（4）校正。

轻型击实试验中，当粒径大于5mm的颗粒含量小于等于30%时，应对最大干密度和最优含水率进行校正。

按下式计算校正后的最大干密度：

$$\rho'_{d\max}=\frac{1}{\frac{1-p}{\rho_{d\max}}+\frac{p}{G_{s2}\rho_w}} \tag{3-6}$$

式中　$\rho'_{d\max}$——击实试验的最大干密度，g/cm³；

ρ_w——水的密度，g/cm³；

p——试样中粒径大于5mm的颗粒含量；

G_{s2}——粒径大于5mm的干比重，即颗粒饱和面干状态时土粒总质量与相当于土粒总体积的纯水4℃时质量的比值。

按下式计算校正后的最优含水率：

$$w'_{op}=w_{op}\ (1-p)\ +pw_2 \tag{3-7}$$

式中　w_{op}——击实试验的最优含水率，%；

p——粒径大于5mm的含量；

w_2——粒径大于5mm的含水率，%。

试验记录见表3-2。

表3-2　　**击实试验记录表**

工程名称＿＿＿＿　　试验者＿＿＿＿

工程编号＿＿＿＿　　计算者＿＿＿＿

试验日期＿＿＿＿　　校核者＿＿＿＿

试验仪器＿＿＿＿　　土样类别＿＿＿＿　　每层击数＿＿＿＿

估计最优含水率＿＿＿＿　　风干含水率＿＿＿＿　　土粒比重＿＿＿＿

试验次数					1	2	3	4	5	6
干密度	加水量	g								
	筒加土重	g	(1)							
	筒重	g	(2)							
	湿土重	g	(3)	(1) － (2)						
	筒体积	cm³	(4)							
	密度	g/cm³	(5)	(3) / (4)						
	干密度	g/cm³	(6)	(5) / (1+0.01w)						
含水率	盒号									
	盒＋湿土质量	g	(1)							
	盒＋干土质量	g	(2)							
	盒质量	g	(3)							
	水质量	g	(4)	(1) － (2)						
	干土质量	g	(5)	(2) － (3)						
	含水率	%	(6)	(4) / (5)						
	平均含水率	%								

3.1.7 注意事项

(1) 试样制备中，洒水后的土样，必须要经过充分时间的浸润后再进行试验，使水分均匀分布土中。

(2) 击实过程中，土样应充分饱和后方能击实。

思 考 题

(1) 土的击实试验中，室内试验与室外试验在数据方面有何不同？表现在哪些方面？

(2) 击实试验再续土时，应对原土样做哪些处理？为什么？

(3) 击实试验在工程中有何作用？

3.2 土的动力参数测定试验

3.2.1 试验目的

振动三轴试验是在静力三轴试验基础上发展而来的，通过对试样施加模拟的主动应力，测试试样在承受动荷载时动态反应。这种反应是多方面的，最基本和最主要的是动应力与相应动应变的关系 $\sigma_d-\varepsilon_d$、动应力与相应孔隙水压力的变化关系。根据应力、应变和孔隙水压力这三个指标的关系，可以推求出土的各项动弹性关系（动弹性模量、动剪切模量、动强度)、黏弹性参数（阻尼比）以及土在模拟某种振动动力作用下所产生的性状。

振动三轴试验具有与静力三轴试验相似的应力条件，只要将静荷载变成循环作用的动荷载，就可测试试样在动态荷载作用下的动力特性。另外，它可以灵活地改变和控制试样应力状态，从而直接模拟各种动力作用。它还可以较有效地控制估计额度和孔隙水压力，从而较好地模拟不同排水条件下饱和土的动态应力应变关系。

振动三轴试验，根据所用仪器不同，有单向振动和双向振动之分，双向振动三轴试验，弥补了单向振动三轴试验无法施加较大的应力比 σ_1/σ_3 这一严重不足，但目前采用的仍是以单向振动三轴试验居多，因为其设备结构相对简单，易于操作，试验成本低。

3.2.2 试验仪器

1. 振动三轴仪

振动三轴仪按激振设备的不同，有电磁式、机械惯性力式、电液伺服式和气动式四种，目前应用较多的是电磁式和电液伺服式振动三轴仪。按具体操作方式又可分为常规控制和微机控制式两种，而且目前正逐渐发展为由计算机自动采集并处理试验数据。以国产的 DSZ-100 电磁式振动三轴仪（图 3-4）为例，其组成包括主机、静力控制系统、动力控制系统和量测系统。

(1) 主机：包括压力室、激振器和气垫。

(2) 静力控制系统：用于施加侧向压力、轴向压力、反压力，包括空压机、储气罐、调压阀、放气阀、压力表和管路等。

(3) 动力控制系统：包括交流稳压电源、超低频信号发生器、超低频峰值电压表、功

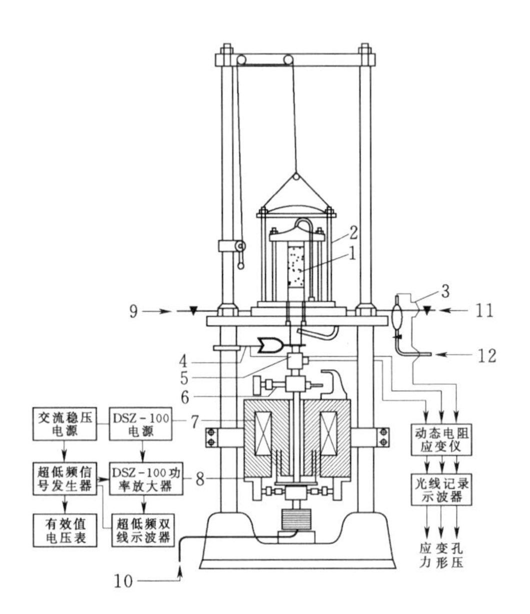

图3-4　电磁式振动三轴仪示意图

1—试样；2—压力室；3—孔隙压力传感器；4—变形传感器；5—拉压力传感器；6—导轮；7—励磁线圈（定圈）；8—激振线圈（动圈）；9—接侧压力稳压罐系统；10—接垂直压力稳压罐系统；11—接反压力饱和及排水系统；12—接静孔隙压力测量系统

率放大器、超低频双线示波器等，或采用振动控制器和测量放大器，激振波形良好，拉压两半周幅值和持时基本相等，相差应小于±10%。

（4）量测系统：用于量测轴向应力、轴向位移及孔隙水压力，由传感器、动态电阻应变仪、光线记录示波器或 x—y 函数记录器等组成。若采用微机控制和数据采集系统，应编制控制、数据采集和处理程序及绘图和汇总试验成果程序和打印程序，配打印机或绘图仪。整个系统的各部分均应有良好的频率响应，且性能稳定，不应超过允许误差范围。

2. 附属设备

切土盘、切土器、切土架、饱和器、承膜筒、橡皮膜等。

3. 其他设备

烘箱、天平、百分表、螺旋测微卡及万用表等。

3.2.3　基本概念

1. 单向振动三轴试验

单向振动三轴试验是在压力室内对一个圆柱实心试样施加等向压力 σ_3，对试样进行固结，然后是加竖向动荷载 $\pm\sigma_d$，或不进行固结直接施加竖向动荷载 $\pm\sigma_d$。等向压力 σ_3 通常是根据天然土层的实际应力状态决定的。动应力的施加也需要最大限度的模拟天然土体可能承受的动荷载。在试加等向压力 σ_3 后施加动荷载 $\pm\sigma_d$ 前，试样45°斜面上法向压力也是 σ_3，剪应力 τ 为零，但在轴向施加动荷载 $\pm\sigma_d$ 后，在45°斜面上产生动剪切力 $\sigma_d=\pm\sigma_d/2$，而法向压力变为 $\sigma_3=\pm\sigma_d/2$，起应力状态分布见图3-5，从图3-5中可以看出，在轴向压力作用下，可得出两个应力圆，分别为两个应力圆的大主应力和小主应力。当 $\pm\sigma_d$ 作用时，垂直轴向为大主应力，水平方向为小主应力，当 $-\sigma_d$ 作用时，垂直轴向为小主应力，水平方向为大主应力。动荷载上下循环一周，试样则受压和受拉一次，主应力轴旋转90°，即产生所谓的应力反向问题。

2. 双向振动三轴试验

双向振动三轴试验，也是采用圆柱形实心试样，与单向振动三轴试验不同的是在压力室内同时对试样施加垂直向和水平向的动荷载。双向振动三轴试验的初始应力状态仍是按恢复试样的天然应力条件的要求，而在施加动荷载时，则是同时控制垂直向应力和水平向应力变化，但二者以180°相位差交替地施加动荷载，这样，试样内45°斜面上的法向压力可保持恒定，而其上的剪应力则循环交替地改变其符号，从而可在不受应力比 σ_1/σ_3 局限的条件下，模拟土层所受的地震剪应力。因此，与单向振动三轴试验相比，双向振动三轴试验的应力条件得到了改善，可以模拟一般的应力条件，如图 3-6 所示。从图 3-6 中可以看出，土单元体在振前作用有垂直应力 σ_0，剪应力等于 0，振动时附加有等幅剪应力 $\pm\tau$。从图 3-6 也可以看出，土单元体在振前作用有 σ_0 和 $\pm\tau_0$，振动时附加有 $\pm\tau$。由此可以看出双向振动三轴试验比单向振动三轴试验能模拟较多的应力条件，而且解决了单向振动三轴试验所存在的应力反向问题。

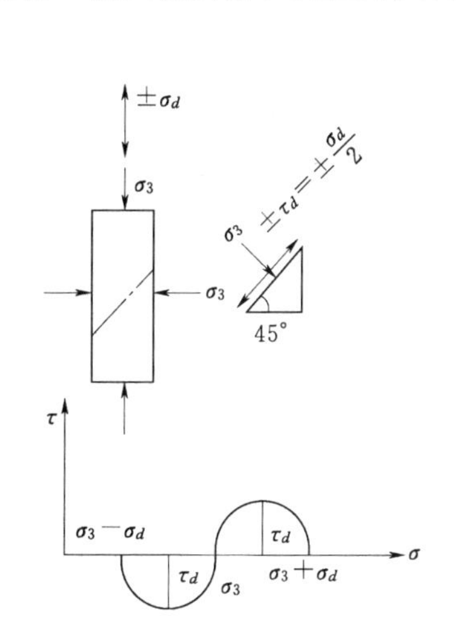

图 3-5　单向振动应力状态

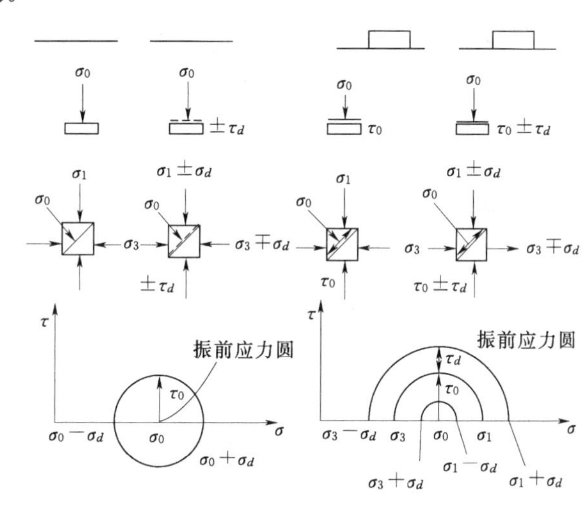

图 3-6　双向振动应力状态

3.2.4　试验方法

1. 动弹性模量 E_d 和动剪切模量 G_d 的测定

动弹性模量 E_d 反映土在周期荷载作用下弹性变形阶段的动应力—动应变关系，为动应力 σ_d 与动应变 ε_d 的比值：

$$E_d=\frac{\sigma_d}{\varepsilon_d} \tag{3-8}$$

然而，对于具有一定黏滞性或塑性的土样，其动弹性模量 E_d 是随许多因素而变化的，最主要的影响因素是主应力量级、主应力比、应变水平以及预固结应力条件和固结度等。为了使所测求的动弹性模量具有与其定义相对应的物理条件，试验时可采取下列措施：

（1）试验前先将试样在模拟现场实际应力或设计荷载条件下固结，固结程度一般达到基本稳定，即试样的变形或承压孔隙水的排水量基本稳定。根据经验，对于一般黏性土及无黏性土，固结时间不少于 12h。

（2）动力试验应在不排水条件下进行，即在动应力作用下试样所产生的动应变应尽量不掺杂塑性应变的固结变形部分。

（3）动力试验应从较小的动应力开始，并连续观测若干周数。此循环周数需视模拟动力对象以及试样的软硬程度及结构性大小而定，一般在 10～50 周之间，以观测振动次数对动应变值的影响，然后在逐渐加大动应力条件下，求得不同动应力作用下的应力—应变关系。

在每一级动应力 σ_d 作用下，可以求得如图 3－7（a）所示的相应动应变 ε_d 曲线。如果试样是理想的弹性体，则动应力 σ_d 与动应变 ε_d 的两条波形线必然在时间上是同步对应的，即动应力作用的同时，动应交随即产生。但土样实际上并非理想弹性体，因此，它的动应力 σ_d 与相应的动应变 ε_d 波形在时间上并不同步，而是动应变波形线较动应力 σ_d 波形线有一定的时间滞后。如果把每一周期的振动波形，按照同一时刻的 σ_d 与 ε_d 值，一一对应地描绘到 σ_d—ε_d 坐标系上，则可得到如图 3－7（b）所示的滞回曲线。根据定义可知，动弹性模量此时应为此滞回环割线的平均斜率。

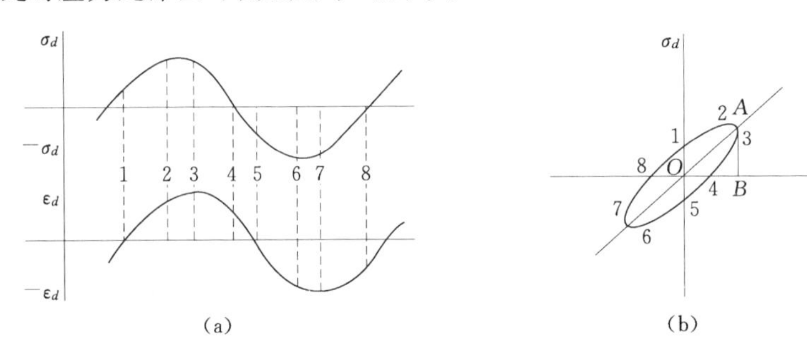

图 3－7　应力滞后与滞回曲线

另外，动弹性模量还与振动次数 n、动应力 σ_d 大小密切相关。为了求得合适的动弹性模量 E_d 值，需要结合工程设计给定前提条件：确定动应力值及实际的振动周数 n 值；或者确定适当的动应变 ε_d 值。应尽量采用非线性应力—应变模型来推求动弹性模量 E_d 值，用线性应力—应变关系来确定 E_d 值有一定的欠缺。

描述土的非线性应力—应变特性有很多种模型，其中双曲线模型是最常用的一种，见图 3－8。

$$\sigma_d=\frac{\varepsilon_d}{a+b\varepsilon_d} \tag{3-9}$$

或

$$E_d=\frac{1}{a+b\varepsilon_d} \tag{3-10}$$

式中　σ_d——动应力，通常可用大主应力作为动应力，kPa；

ε_d——与 σ_d 相应的动应变；

E_d——动弹性模量，MPa；

a、b——常数，MPa^{-1}。

式（3－10）也可表达为另一形式

$$E_d=\frac{\sigma_d}{\varepsilon_d}=\frac{1}{a}-\frac{b}{a}\sigma_d \tag{3-11}$$

于是，式（3－11）可用图 3－9 表示为一条直线，该线的纵轴为动弹性模量 $E_d\left(=\frac{\sigma_d}{\varepsilon_d}\right)$，横轴为 σ_d，则直线截距为 $1/a$，斜率为 $-b/a$。显然，当 $\sigma_d=0$ 时，$1/a=E_{d\max}$，即该直线的截距的倒数即为室内最大动弹性模量（$E_{d\max}$ 也记为 E_0，称为初始动弹性模量）。由此直线定出 a、b 值，则可从式（3－11）中求出动弹性模量。

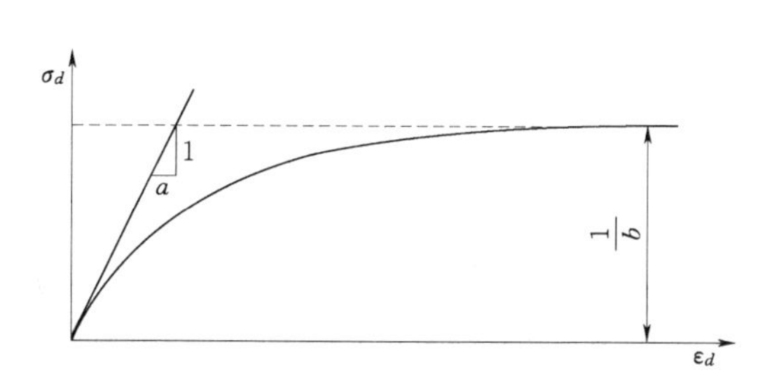

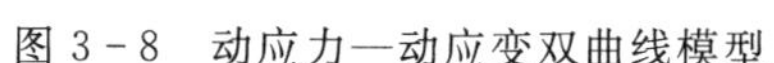

图 3-8　动应力—动应变双曲线模型

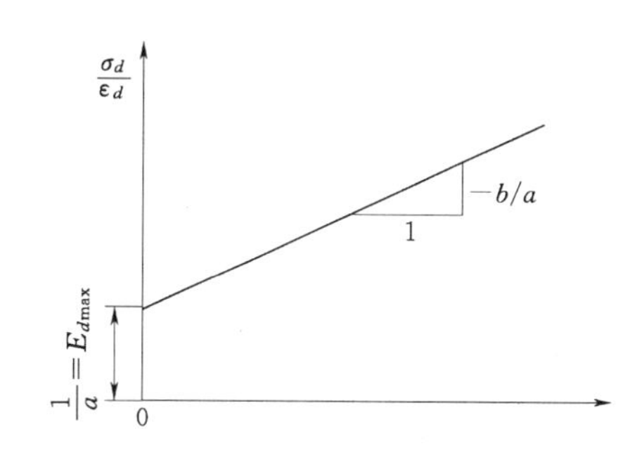

图 3-9　动应力—动应变弹性模量关系曲线

最大动弹性模量 $E_{d\max}$ 与周围固结压力 σ_3 的关系可按下式计算：

$$E_{d\max}=Kp_a\left(\frac{\sigma_3}{p_a}\right)n \tag{3-12}$$

式中　K、n——试验常数；

　　p_a——大气压力，kPa。

与动弹性模量 E_d 相应的动剪切模量 G_d 可按下式计算：

$$G_d=\frac{E_d}{2\ (1+\nu)} \tag{3-13}$$

式中　ν——泊松比，饱和土可取 0.5。

2. 阻尼比 λ 的测定

阻尼比 λ 是阻尼系数 c 与临界阻尼系数 c_{cr} 的比值，用振动三轴试验测定的阻尼比 λ 表示每振动一周中能量的耗散，又称为土的等效黏滞阻尼比。

图 3-10 的滞回曲线已说明土的黏滞性对应力—应变关系的影响。这种影响的大小可以从滞回环的形状来衡量，如果黏滞性愈大，环的形状就愈趋于宽厚，反之则趋于偏薄。

这种黏滞性实质上是一种阻尼作用，试验证明，其大小与动力作用的速率成正比，因此可以说是一种速度阻尼。

上述阻尼作用可用等效滞回阻尼比来表征，其值可从滞回曲线（图 3-10）求得，即

$$\lambda_d=\frac{A}{4\pi A_s} \tag{3-14}$$

式中　A——滞回环 $ABCD$ 的面积，cm^2；

　　A_s——三角形 OAE 的面积，cm^2。

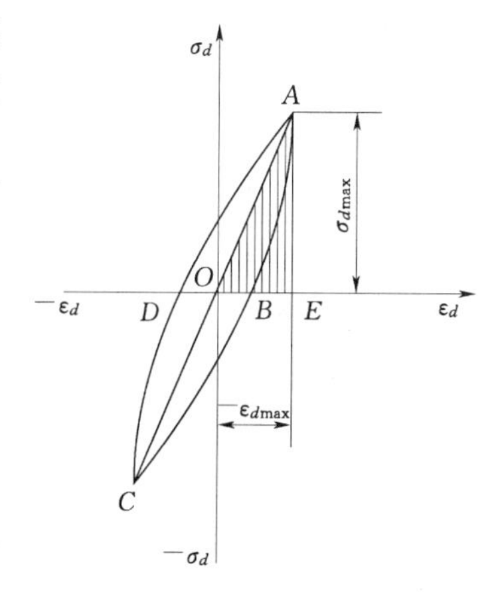

图 3-10　应力应变滞回环

由于土的动应力—应变关系是随振动次数及动应变的幅值而变化的，因此，当根据应力—应变滞回曲线确定阻尼比 λ 时，也应与动弹性模量相对应，通静采用双曲线模型，则阻尼比与动弹性模量的关系式为：

$$\lambda=\lambda_{\max}\left(1-\frac{E_d}{E_{d\max}}\right) \tag{3-15}$$

滞回曲线是取自一定的振动循环周数 n，此 n 值需视模拟的振动对象而定。通常在模拟强振时，可取 $n=10\sim15$ 次，相当于 7 级或 7.5 级地震时的等效振次；如考虑动力机器作用时，则可适当增加 n 值，甚至可采用 $n=50\sim100$ 次，但必须把 n 值限定在不产生试样破坏的程度。

3. 动强度的测定

动强度就是在一定振动循环次数下使试样产生破坏应变时的动剪应力值。土的破坏应变值是随动应力大小而改变的，如果土样在一组大小不等的动应力下产生动变形，则所得到的极限动应变值将呈非线性变化。

用振动三轴仪进行动强度试验，需制备不少于 3 个相同的土样，并在同一压力下固结，然后在 3 个大小不等的动应力 σ_{d1}、σ_{d2}、σ_{d3} 下分别测得相应的应变值，此应变值与振动次数 n 有关，因此，可将测得的数据绘成如图 3-11（a）所示的曲线族，然后再从图中求取在一定应变限值下的动应力 σ_{d1-3}、σ_{d2-3}、σ_{d3-3}，如此作出如图 3-11（b）所示的 σ_d—lg$n$ 关系曲线，根据定的 n 值，可确定相应的动强度。

为了求得在模拟的振动次数 n 范围内动应力与动应变的关系及相应的动抗剪强度指标，可以由图 3-11（a）绘出图 3-11（c），其方法是改变试样的周围压力 σ_3，分别求得在 σ_3'、σ_3''、σ_3''' 下的 σ_d—lg$n$ 曲线族，于是在给定的振动次数下，可求得相应的动应力 σ_d'、σ_d''、σ_d'''，用这 3 个动应力，即可绘出 3 个摩尔圆，如图 3-11（c）所示，则 c_d、φ_d 即为所求的动抗剪强度指标。

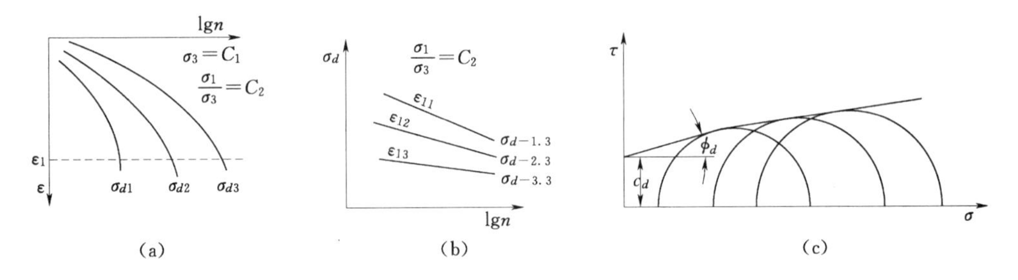

图 3-11　不同动应力下的动应变

4. 饱和砂土液化势的判定

饱和砂土液化是指在动荷载作用下，饱和砂土产生急剧的状态改变和丧失强度，变成流动状态的现象。

砂土液化室内测定的目的主要是研究液化机理及各种因素对砂土液化性能的影响，测定抗液化强度，以预估现场砂土层的液化可能性。

图 3-12 给出了振动三轴试验的记录曲线，作为常规的试验方法，通常需要测定动应力、孔隙水压力和动应变值三项指标。

液化势的判定视下列临界条件是否具备而定：

（1）孔隙水压力等于初始固结压力。

（2）轴向动应变的全峰值接近甚至超过经验限度，统称为 5%。

（3）震动循环数 n 值达到预估地震相应限值。

不同地震震级 M 值对应的极限破坏循环数 n 见表 3-3。

表 3-3　　　　不同地震震级 M 值对应的极限破坏循环数 n

震级	6	6.5	7	7.5	8
等效循环数	5	8	10	20	30

从图 3-12 中的曲线来看，如果上述三项条件同时满足时，就可以判定该砂样有着明显的液化势。

严格地说，用振动三轴试验来模拟饱和砂土在地震力作用下的液化机理是不充分的，究其原因在于：

（1）试样所受的应力状态与实际液化层的应力状态相差悬殊。在每两个半周振动中，大主应力方向旋转了 90°，因而大、小主应力颠倒，这在实际土层受振液化过程中是不可能出现的。

（2）在全部液化试验过程中，土样通常并未受到足够的剪应力作用而达到极限状态，因此，振动三轴试验中的砂土液化并不一定是像理论上设定极限状态下的强度破坏。

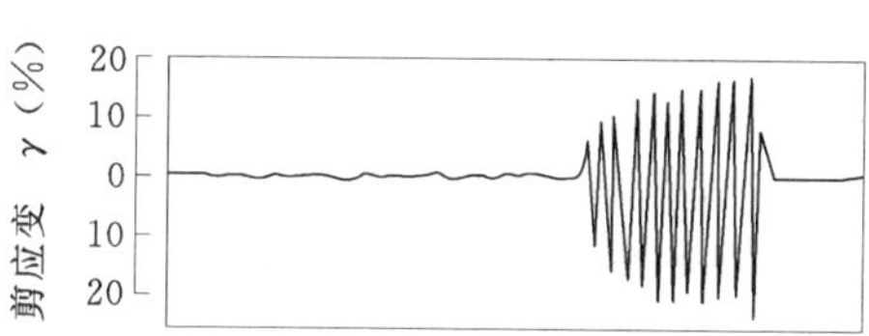

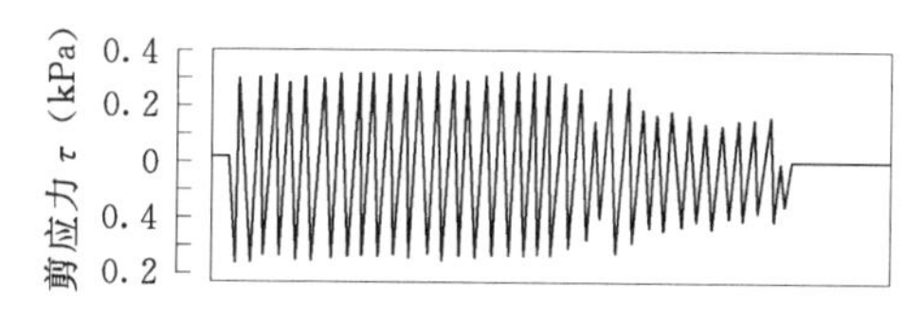

图 3-12　振动三轴液化试验前后应力变化

（3）原状土样是无法进行模拟制备的，而且经常由于试样偏歪、曲颈等而使试验失真或失败。

（4）试样底座的试样帽与试样之间的摩阻力会导致局部集中应力集中而影响试验结果。

（5）高应力作用仍难以实现，而实际土层受振动是在高应力下发生的。

3.2.5　试验步骤

3.2.5.1　试样安装及固结

1. 试样安装

（1）先将激振器动圈调至水平位置，打开供水阀，使试样底座充气排水，当溢出的水不含气泡时，按三轴压缩试验的固结不排水剪的试样安装方法进行试样安装。

（2）砂土试样安装在试样制备过程中完成。

2. 试样固结

（1）等向固结。先对试样施加 20kPa 的侧压力，然后逐级施加均等的侧向压力和轴向压力，直到侧向压力和轴向压力相等并达到预定压力。

（2）不等向固结。应在等向固结变形稳定后，逐级增加轴向压力，直到预定的轴向压力，加压时，勿使试样产生过大的变形。

（3）对施加反压力的试样，按三轴压缩试验中的施加反压力方法进行。

（4）施加压力后，打开排水阀或体变阀和反压力阀，使试样排水固结。固结稳定标准：对黏土和粉土试样，1h 内固结排水量变化不大于 0.1cm^3；对于砂土试样，等向固结时，关闭排水阀后 5min 内孔隙水压力不上升，不等向固结时，5min 内轴向变形不大于 0.005mm。

（5）固结完成后，关闭排水阀，并计算振前干密度。

3.2.5.2 动强度（液化）试验

1. 常规控制式试验操作步骤

（1）开启动力控制系统和量测系统仪器的电源，预热30min，将信号发生器的"波形选择"、"时间周期"（频率）旋钮旋到所需的位置，对振动频率无特殊要求时，宜采用1Hz。

（2）根据预估的动应力，选择动态应变仪中的应力、变形和孔隙水压力的（衰减）档以及功率放大器上的"输出调节"、信号发生器上的"输出衰减"和"输出调节"，使动态应变仪、光线示波器（或绘图仪）等处于工作状态。

（3）选好拍摄速度，开启光线示波器的电动机和拍摄按钮，记录光点初始位置。

（4）启动功率放大器，对试样施加预估的动应力，用光点示波器（或绘图仪）记录动应力、动应变和动孔隙水压力的时程曲线。在振动过程中，应随时注意观察试样和光点有无异常变化，如波形过大或过小，应及时改变"衰减"档，并在记录上注明。

（5）对于等向固结的试样，当孔隙压力等于侧向压力时，或对于不等向固结的试样，应变达10%时。再振10～20周停机，测记振后的排水量和侧向变形量。

（6）将应变仪"衰减"档调至零位，关闭仪器电源，卸除压力，拆除试样，描述试样破坏形状，称试样质量。

（7）对同一密度的试样，宜选择1～3个固结应力比，在同一固结应力比下，应选择1～3个不同的侧向压力，每一侧向压力下用3～4个试样，选择不同的振动破坏周次（10周、20～30周和100周左右），重复步骤（1）～（6）进行试验。

2. 微机控制式试验操作步骤

（1）系统调零。

1）按电控柜"ON"键1次灯亮，开计算机（或复位），输入运行程序。

2）根据屏幕提示i选择相应的功能键，进行测量系统调零，旋转测量放大器面板上的各个调零电位器，使屏幕上相应的轴向力、轴向位移、孔隙水压力值为零。

（2）振动试验。

1）按电控柜"ON"键2次，依次功率放大器和励磁电源灯亮，励磁电流值为4A左右，待稳定后，再按"ON"键1次，振动线圈灯亮。

2）返回采集和控制程序主菜单，根据屏幕提示，选择试验类型、波形等。并根据屏幕提示，逐项设置。

3）当屏幕上提示"Y/N?"时，将功率放大器增益调节开关向右旋到最大，键入"Y"，开始振动试验，当试验按设置的程序运行后，自动返回命令执行菜单，将功率放大器增益调节开关向左旋至关上。试验过程中，计算机自动采集数据。

（3）试验结束后，卸去压力，拆除试样，描述试样破坏形状，称试样质量。

（4）对同一密度的试样，宜选择1～3个固结应力比。在同一固结应力比下，应选择1～3个不同的侧向压力。每一侧向压力下用3～4个试样，选择不同的振动破坏周次（10周、20～30周和100周左右），重复步骤（1）～（2）进行试验。

（5）利用数据处理程序，计算机进行数据处理、绘图、汇总结果并存盘、打印。

3.2.5.3 动弹性模量和阻尼比试验

动弹性模量和阻尼比试验可按下列步骤进行：

（1）仪器的预热和调试按动强度（液化）试验方法进行，并调好 z—y 函数记录仪初始相位，放下记录笔。

（2）选择动力大小。在不排水条件下对试样施加动应力，测记动应力、动应变和动孔隙水压力，同时用 T—y 函数记录仪绘制动应力和动应变滞回环，直到预定振次时停机，拆样。

（3）同一干密度的试样。在同一固结应力比下，应在 1～3 个不同的侧压力下试验，每一侧压力，宜用 5～6 个试样，改变 5～6 级动力，重复步骤 1～2 进行试验。

3.2.6 成果整理

1. 动强度（液化）计算及试验记录

（1）应力状态指标计算。

1）振前试样 45°斜面上静应力

$$\sigma_0'=\frac{1}{2}(\sigma_{1c}+\sigma_{3c})-u_0 \tag{3-16}$$

$$\tau_0=\frac{1}{2}(\sigma_{1c}-\sigma_{3c}) \tag{3-17}$$

式中 σ_0'——振前试样 45°斜面上的有效法向应力，kPa；

τ_0——振前试样 45°斜面上的剪应力，kPa；

σ_{1c}——试样轴向固结应力，kPa；

σ_{3c}——试样侧向固结应力，kPa；

u_0——试样初始孔隙水压力，kPa。

2）初始剪应力比

$$a=\frac{\tau_0}{\sigma_0'} \tag{3-18}$$

式中 a——初始剪应力比；

其余符号意义同前。

3）固结应力比

$$K_c=\frac{\sigma_{1c}'}{\sigma_{3c}'}=\frac{\sigma_{1c}-u_0}{\sigma_{3c}-u_0} \tag{3-19}$$

式中 K_c——固结应力比；

σ_{1c}'——有效轴向固结应力，kPa；

σ_{3c}'——有效侧向固结应力，kPa。

4）轴向动应力

$$\sigma_d=\frac{K_\sigma L_\sigma}{A_c}\times 10 \tag{3-20}$$

式中 σ_d——轴向动应力，取初始值，kPa；

K_σ——动应力传感器标定系数，N/cm；

L_σ——动应力光线示波器光点位移，cm；

A_c——试样固结后断面积，m^2。

5）轴向动应变

$$\varepsilon_d=\frac{\Delta h_d}{h_c} \tag{3-21}$$

其中 $$\Delta h_d=K_\varepsilon L_\varepsilon$$

式中 ε_d——轴向动应力，取初始值，kPa；

Δh_d——动变形，cm；

h_c——试样固结后振前高度，cm；

K_ε——轴向动变形传感器标定系数，cm/cm；

L_ε——动变形光线示波器光点位移，cm。

6）动孔隙水压力

$$u_d=K_u L_u \tag{3-22}$$

式中 u_d——动孔隙水压力，kPa；

K_u——动孔隙水压力传感器标定系数，kPa/cm；

L_u——动孔隙水压力传感器光点位移，cm。

7）试样 45°斜面上的动剪应力

$$\tau_d=\frac{1}{2}\sigma_d \tag{3-23}$$

式中 τ_d——试样 45°斜面上的动剪切应力，kPa；

σ_d——轴向动应力，kPa。

8）总剪应力

$$\tau_{sd}=\frac{\sigma_{1c}-\sigma_{3c}+\sigma_d}{2}=\tau_0+\tau_d \tag{3-24}$$

式中 τ_{sd}——总剪切应力，kPa。

9）液化应力比

$$\frac{\tau_d}{\sigma_0'}=\frac{\sigma_d}{2\sigma_0'} \tag{3-25}$$

（2）以动剪应力为纵坐标，以破坏振次为横坐标，绘制不同固结比时不同侧压力下的动剪切应力和振次关系曲线，图 3-13 所示。

（3）以振动破坏时试样 45°斜面上总剪切应力为纵坐标，以振前试样 45°斜面上有效法向应力为横坐标，绘制给定振次下，不同初始剪应力比时的总剪切应力与有效法向应力关系曲线，如图 3-14 所示。

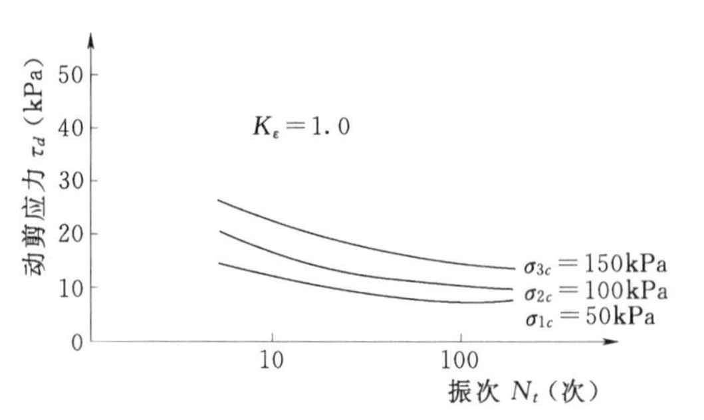

图 3-13　动剪应力与振次关系曲线

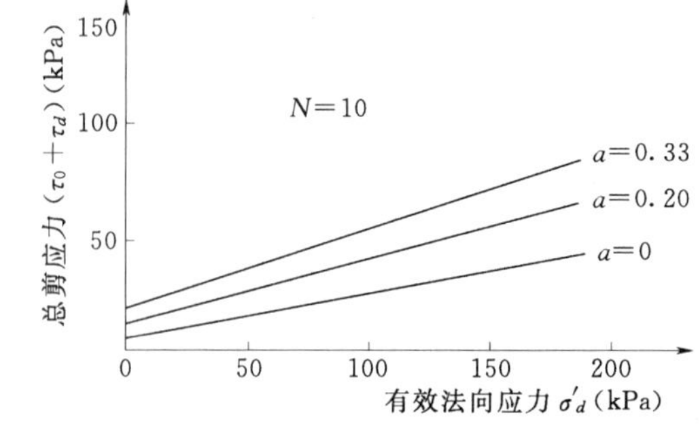

图 3-14　总剪切应力与有效法向应力关系曲线

（4）以液化应力比为纵坐标，以破坏振次的对数为横坐标，绘制不同固结应力比时的液化应力比与振次关系曲线。

（5）以动孔隙水压力比为纵坐标，以破坏振次的对数为横坐标，绘制动孔隙水压力比与振次关系曲线。

振动三轴试验（动强度与液化试验）记录见表3-4。

表3-4　　振动三轴试验记录表（动强度与液化试验）

工程名称________　　工程编号________　　试验日期________

试 验 者________　　计 算 者________　　校 核 者________

固结前	固结后	固结条件	试验及破坏条件
试样直径 d (mm)	试样直径 d_c (mm)	固结应力比 K_c	振动频率 (Hz)
试样高度 h (mm)	试样高度 h_c (mm)	轴向固结应力 σ_{1c} (kPa)	给定破坏振次（次）
试样面积 A (cm^2)	试样面积 A_c (cm^2)	侧向固结应力 σ_{3c} (kPa)	均压时孔压破坏标准 (kPa)
试样体积 V (cm^3)	试样体积 V_c (cm^2)	固结排水量 ΔV (mL)	均压时应变破坏标准 (%)
试样干密度 ρ_d (g/cm^3)	试样干密度 ρ_{dc} (g/cm^3)	固结变形量 Δh (mm)	偏压时应变破坏标准 (%)

振动（次）	动应变			动应力				动孔隙水压力			
	光点位移 L_ε (cm)	标定系数 K_ε (cm/cm)	动应变 ε_d (%)	光点位移 L_σ (cm)	标定系数 K_σ (N/cm)	动应力 σ_d (kPa)	液化应力比 $\frac{\sigma_d}{\sigma_0}$	光点位移 L_u (cm)	标定系数 K_u (kPa/cm)	动孔压 u_d (kPa)	动孔压比 $\frac{u_d}{\sigma_{3c}}$
(1)	(2)	(3)	(4)	(5)	(6)	(7)	(8)	(9)	(10)	(11)	(12)
			$\frac{(2)\times(3)}{h_c}\times10$			$\frac{(5)\times(6)}{A_c}\times10$	$\frac{(7)}{2\sigma_0}$			$(9)\times(10)$	$\frac{(11)}{\sigma_{3c}}$

2. 动弹性模量和阻尼比计算及试验记录

（1）动弹性模量

$$E_d=\frac{\sigma_d}{\varepsilon_d} \tag{3-26}$$

式中　E_d——动弹性模量，kPa；

σ_d——动应力，kPa；

ε_d——动应变，%。

（2）阻尼比

$$\lambda_d=\frac{A}{4\pi A_s} \tag{3-27}$$

式中　A——滞回环 $ABCD$ 的面积，cm^2；

A_s——三角形 OAE 的面积，cm^2。

（3）在以阻尼比为纵坐标，以动应变为对数横坐标，绘制不同固结应力的阻尼比与动应变关系曲线，如图3-15所示。

（4）试验记录。

振动三轴试验（模量和阻尼比试验）记录见表3-5。

表 3－5　　**振动三轴试验记录表（模量和阻尼比试验）**

工程名称＿＿＿＿＿＿　　工程编号＿＿＿＿＿＿　　试验日期＿＿＿＿＿＿

试 验 者＿＿＿＿＿＿　　计 算 者＿＿＿＿＿＿　　校 核 者＿＿＿＿＿＿

固结前	固结后	固结条件
试样直径 d（mm）	试样直径 d_c（mm）	固结应力比 K_c
试样高度 h（mm）	试样高度 h_c（mm）	轴向固结应力 σ_{1c}（kPa）
试样面积 A（cm^2）	试样面积 A_c（cm^2）	侧向固结应力 σ_{3c}（kPa）
试样体积 V（cm^3）	试样体积 V_c（cm^2）	固结排水量 ΔV（m^3）
试样干密度 ρ_d（g/cm^3）	试样干密度 ρ_{dc}（g/cm^3）	固结变形量 Δh（mm）

输出电压（mV）	动应力				动应变				动孔隙水压力				动模量		阻尼比		
	衰减档	光点位移 L_ε（cm）	标定系数 K_σ（cm/cm）	动应力 σ_d（kPa）	衰减档	光点位移 L_σ（cm）	标定系数 K_ε（cm/cm）	动应变 ε_d（%）	衰减档	光点位移 L_u（cm）	标定系数 K_u（kPa/cm）	动孔压 u_d（kPa）	动模量 E_d（MPa）	$\frac{1}{Ed}$（MPa^{-1}）	滞回环面积 A（cm^2）	三角形面积 A_s（cm^2）	阻尼比 λ_d
	(1)	(2)	(3)	(4)	(5)	(6)	(7)	(8)	(9)	(10)	(11)	(12)	(13)	(14)	(15)	(16)	(17)
				$\frac{(2)\times(3)}{A_c}$				$\frac{(6)\times(7)}{h_c}$				$(11)\times(10)$	$\frac{(4)}{(8)}$	$\frac{1}{(13)}$			$\frac{1}{4\pi}\times\frac{(15)}{(16)}$

3.2.7 注意事项

(1) 对各种仪表、传感器等要经常校核和定期标定。

(2) 振动三轴试验中经常要求测定松软地基土的动强度指标，这些试样密度很低。制备低密度试样必须保持耐心和细心。

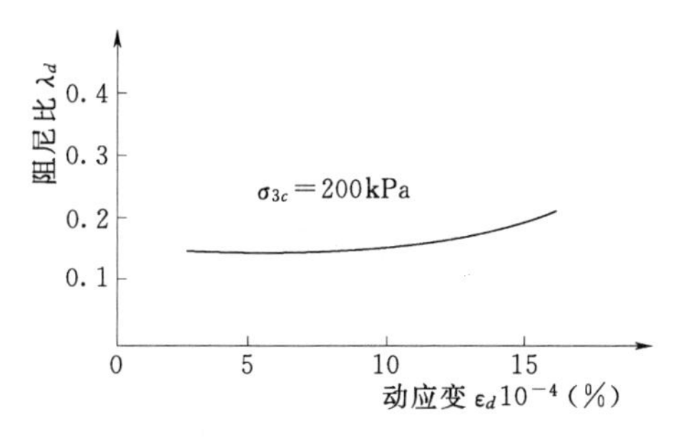

图 3-15 阻尼比与动应变关系曲线

(3) 由于在相同的固结条件下，试样动强度取决于试样的密度、饱和度和均匀程度，因此对制样环节的控制就直接影响到试验的质量。同一干密度各组试验的试样，宜一批制备，其密度、含水率、击实过程、饱和过程及试样静置时间等都应大致相近。

(4) 土动三轴仪属于精密仪器设备，价值昂贵。且试验技术较复杂，要求试验人员掌握的技术知识也相对较多。所以从事土动力学试验工作的人员应接受专门的技术培训。

思 考 题

(1) 土的动力特征参数分哪几类？各有哪些参数？

(2) 什么是土体动力反应三阶段？划分三阶段的意义是什么？

试验4　土的渗透试验

土体是三相介质，由固体颗粒、水和气所组成，其中的孔隙将允许水流过，在水头差的作用下，水能够通过土的孔隙发生渗透。渗透性质是土体的重要的工程性质，决定土体的强度性质和变形、固结性质，渗透问题是土力学的三个重要问题之一，与强度问题、变形问题合成土力学的主要三大问题。渗透试验主要是测定土体的渗透系数，渗透系数的定义是单位水力坡降的渗透流速，常以 cm/s 作为单位。

渗透试验根据土颗粒的大小可以区分为常水头渗透试验和变水头渗透试验，对于粗粒土常采用常水头渗透试验，细粒土常采用变水头渗透试验。

4.1　常水头渗透试验

4.1.1　试验目的

（1）掌握测定土的渗透系数的方法。

（2）掌握常水头渗透装置的使用方法。

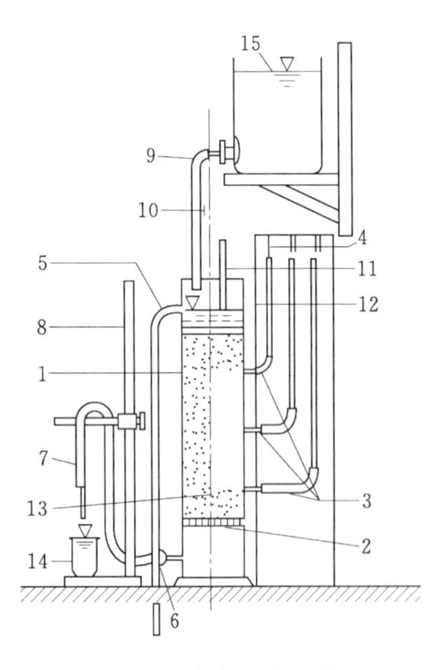

图 4-1　常水头渗透装置

1—金属圆筒；2—金属孔板；3—测压孔；4—测压管；5—溢水孔；6—渗水孔；7—调节管；8—滑动架；9—供水管；10—止水夹；11—温度计；12—砾石层；13—试样；14—量杯；15—供水瓶

4.1.2　试验仪器

（1）70 型渗透仪：由金属封底圆筒、金属孔板、滤网、测压管和供水瓶组成。金属圆筒内径为 10cm，高 40cm（图 4-1）。

（2）温度计：分度值 0.5℃。

（3）其他：木击锤、秒表、天平、量杯等。

4.1.3　基本概念

本试验采用的纯水，应在试验前用抽气法或煮沸法脱气。试验时的水温宜高于试验室温度 3～4℃。

渗透系数是土的一项重要力学指标，可用来分析天然地基、堤坝和基坑开挖边坡的渗流稳定，以确定土的渗透变形，为施工选料等提供指标和依据。

达西分析了大量的试验资料，发现土中渗透的渗流量 q 与过水断面面积 A 以及水头损失 Δh 成正比，与断面间距 l 成反比，即

$$q=kA\frac{\Delta h}{l}=kAi \text{ 或 } v=\frac{q}{A}=ki \quad (4-1)$$

式中 i——水力梯度（沿渗流方向单位长度的水头损失），也称水力坡降，$i=\frac{\Delta h}{l}$；

k——渗透系数，其值等于 i 为 1 时水的渗透速度，cm/s。

上式所表示的关系称为达西定律，它是渗透的基本定律。

达西定律是由砂质土体试验得到的，后来推广应用于其他土体如黏土和具有细裂隙的岩石等。进一步的研究表明，在某些条件下，渗透并不一定符合达西定律，因此在实际工作中还要注意达西定律的适用范围。大量试验表明，当渗透速度较小时，渗透的沿程水头损失与流速的一次方成正比。

4.1.4 试验方法

渗透系数 k 是综合反映土体渗透能力的一个指标，其数值的正确确定对渗透计算有着非常重要的意义。要建立计算渗透系数 k 的精确理论公式比较困难，通常可通过试验方法或经验估算法来确定 k 值。

（一）试验室测定法

试验室测定渗透系数 k 值的方法称为室内渗透试验，根据所用试验装置的差异又分为常水头试验和变水头试验。

（二）现场测定法

与试验室测定法相比，现场测定法的试验条件更符合实际土层的渗透情况，测得的渗透系数 k 值为整个渗流区较大范围内土体渗透系数的平均值，是比较可靠的测定方法，但试验规模较大，所需人力物力也较多。现场测定渗透系数的方法较多，常用的有野外注水试验和野外抽水试验等，这种方法一般是在现场钻井孔或挖试坑，在往地基中注水或抽水时，量测地基中的水头高度和渗流量，再根据相应的理论公式求出渗透系数 k 值。

（三）经验估算法

渗透系数 k 值还可以用一些经验公式来估算，例如 1991 年哈森（Hazen）提出用有效粒径 d_{10} 计算较均匀砂土的渗透系数的公式

$$k=d_{10}^2 \quad (4-2)$$

式中，d_{10} 的单位为 mm；k 的单位为 cm/s。

这些经验公式虽然有其实用的一面，但都有其适用条件和局限性，可靠性较差，一般只在作粗略估算时采用。

（四）在无实测资料时，还可以参照有关规范或已建成工程的资料来选定 k 值。

本次试验采用试验室测定法中的常水头试验。

4.1.5 试验步骤

（1）充水：将调节管与供水管连通，由仪器底部充水至水位略高于金属孔板，关上止水夹。

（2）测含水率：取风干试样 3～4kg，称量准确至 1.0g，并测定其风干含水率。

（3）装土：将试样分层装入仪器，每层厚 2～3cm，用木锤轻轻击实到一定厚度，以控制其孔隙比（当试样中含较多黏粒时，应在滤网上加铺 2cm 厚的粗砂作为过滤层，防

止细粒土流失)。

(4) 饱和：每层砂样装好后，连接调节管与供水管，并由调节管进水，微开止水夹，使砂样逐渐饱和，当水面与试样顶面齐平时，关上止水夹（饱和试样时水流不应过急，以免冲动土样)。逐层装试样，直到最后一层试样高出上测压孔 3～4cm，并在试样上端铺 2cm 厚的砾石作为缓冲层，当水面高出顶面时，继续充水至溢水孔有水溢出。

(5) 进水：提高调节管使其高于溢水孔，然后将调节管与供水管分开，并将供水管置于试样筒内，开止水夹使水由上部注入筒内，并检查各测压管水位是否与溢水孔齐平，不齐平时要用吸球排气处理。

(6) 降低调节管：降低调节管口，使其位于试样上部 1/3 处，形成水位差。在渗透过程中，溢水孔始终有水溢出，以保持常水位。

(7) 测记水量：测压管水位稳定后测记水位，计算各测压管件的水位差。开动秒表，同时用量筒自调节管接取一定时间内的渗透水量，并重复一次（调节管口不可没入水中)，测记进水与出水处的水温，取其平均值。

(8) 重复试测：降低调节管口至试样中部及下 1/3 处，以改变水力坡降，按以上步骤重复进行测定。

4.1.6 成果整理

本试验以水温 20℃为标准温度，标准温度下的渗透系数应按下式计算：

$$k_{20}=k_T\frac{\eta_T}{\eta_{20}} \tag{4-3}$$

式中 k_{20}——标准温度时试样的渗透系数，cm/s；

η_T——T℃时水的动力黏滞系数，kPa·s；

η_{20}——20℃时水的动力黏滞系数，kPa·s。

黏滞系数比 η_T/η_{20} 查表 4-1。

常水头渗透系数应按下式计算：

$$k_T=\frac{QL}{AHt} \tag{4-4}$$

式中 k_T——水温为 T℃时试样的渗透系数，cm/s；

Q——时间 t 秒内的渗出水量，cm^3；

L——两测压管中心间的距离，cm；

A——试样的断面积，cm^2；

H——平均水位差，cm，平均水位差 H 可按 $(H_1+H_2)/2$ 计算；

t——时间，s。

表 4-1 水的动力黏滞系数、黏滞系数比、温度校正值

温度(℃)	动力黏滞系数 η (kPa·s×10^{-6})	η_T/η_{20}	温度校正值 T_p	温度(℃)	动力黏滞系数 η (kPa·s×10^{-6})	η_T/η_{20}	温度校正值 T_p
5.0	1.516	1.501	1.17	6.5	1.449	1.435	1.23
5.5	1.498	1.478	1.19	7.0	1.428	1.414	1.25
6.0	1.470	1.455	1.21	7.5	1.407	1.393	1.27

续表

温度 (℃)	动力黏滞系数 η（kPa·s×10^{-6}）	η_T/η_{20}	温度校正值 T_p	温度 (℃)	动力黏滞系数 η（kPa·s×10^{-6}）	η_T/η_{20}	温度校正值 T_p
8.0	0.387	1.373	1.28	19.0	1.035	1.025	1.72
8.5	1.367	1.353	1.30	19.5	1.022	1.012	1.74
9.0	1.347	1.334	1.32	20.0	1.010	1.000	1.76
9.5	1.328	1.315	1.34	20.5	0.998	0.988	1.78
10.0	1.310	1.297	1.36	21.0	0.986	0.976	1.80
10.5	1.292	1.279	1.38	21.5	0.974	0.964	1.83
11.0	1.274	1.261	1.40	22.0	0.968	0.958	1.85
11.5	1.256	1.243	1.42	22.5	0.952	0.943	1.87
12.0	1.239	1.227	1.44	23.0	0.941	0.932	1.89
12.5	1.223	1.211	1.46	24.0	0.919	0.910	1.94
13.0	1.206	1.194	1.48	25.0	0.899	0.890	1.98
13.5	1.188	1.176	1.50	26.0	0.879	0.870	2.03
14.0	1.175	1.168	1.52	27.0	0.859	0.850	2.07
14.5	1.160	1.148	1.54	28.0	0.841	0.833	2.12
15.0	1.144	1.133	1.56	29.0	0.823	0.815	2.16
15.5	1.130	1.119	1.58	30.0	0.806	0.798	2.21
16.0	1.115	1.104	1.60	31.0	0.789	0.781	2.25
16.5	1.101	1.090	1.62	32.0	0.773	0.765	2.30
17.0	1.088	1.077	1.64	33.0	0.757	0.750	2.34
17.5	1.074	1.066	1.66	34.0	0.742	0.735	2.39
18.0	1.061	1.050	1.68	35.0	0727	0.720	2.43
18.5	1.048	1.038	1.70				

常水头渗透试验记录见表4-2。

表4-2 **常水头渗透试验记录**

工程编号______ 试样编号______ 试验日期______

试 验 者______ 计 算 者______ 校 核 者______

试验次数	经过时间	测压管水位 (cm)			水位差			水力坡降	渗水量 (cm)	渗透系数 (cm/s)	水温 (℃)	校正系数	水温20℃时的渗透系数(cm/s)	平均渗透系数 (cm/s)
		Ⅰ	Ⅱ	Ⅲ	H_1	H_2	平均							
	(1)	(2)	(3)	(4)	(5)=(2)−(3)	(6)=(3)−(4)	(7)=[(5)+(6)]/2	(8)=(7)/L	(9)	(10)	(11)	(12)=η_T/η_{20}	(13)=(10)×(12)	(14)

4.1.7　注意事项

（1）根据计算的渗透系数，应取3～4个在允许差值范围内的数据的平均值，作为试样在该孔隙比下的渗透系数（允许差值不大于2×10^{-n}）。

（2）当进行不同孔隙比下的渗透试验时，应以孔隙比为纵坐标，渗透系数的对数为横坐标，绘制关系曲线。

思　考　题

（1）常水头试验的适用范围有哪些？

（2）渗透系数的测定方法有哪些？

（3）达西定律的表达式是什么？适用范围有哪些？

4.2　变水头渗透试验

4.2.1　试验目的

（1）掌握测定土的渗透系数的方法。

（2）掌握变水头渗透装置的使用方法。

4.2.2　试验仪器

（1）渗透容器：由环刀、透水石、套环、上盖和下盖组成。环刀内径61.8mm，高40mm；透水石的渗透系数应大于10^{-3}。

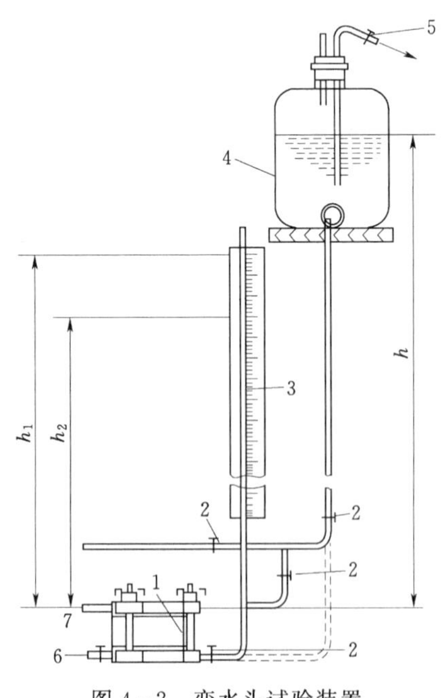

图4-2　变水头试验装置

1—渗透容器；2—进水管夹；3—变水头管；4—供水瓶；5—接水源管；6—排气水管；7—出水管

（2）变水头装置：由渗透容器、变水头管、供水瓶、进水管等组成（图4-2）。变水头管的内径应均匀，管径不大于1cm，管外壁应有最小分度为1.0mm的刻度，长度宜为2m左右。

（3）其他：量筒、秒表、温度计、凡士林等。

4.2.3　基本概念

同常水头试验。

4.2.4　试验方法

同常水头试验。

4.2.5　试验步骤

（1）切取试样：用环刀切取原状试样或制备给定密度的扰动试样。

（2）将装有试样的环刀装入渗透容器，用螺母旋紧，要求密封至不漏水不透气。对不易透水的试样，按规定进行抽气饱和；对饱和试样和较易透水的试样，直接用变水头装置的水头进行试样饱和。

(3) 将渗透容器的进水口与变水头管连接，利用供水瓶中的纯水向进水管注满水，并渗入渗透容器，开排气阀，排除渗透容器底部的空气，直至溢出水中无气泡，关排水阀，放平渗透容器，关进水管夹。

(4) 向变水头管注纯水。使水升至预定高度，水头高度根据试样结构的疏松程度确定，一般不应大于 2m，待水位稳定后切断水源，开进水管夹，使水通过试样，当出水口有水溢出时开始测记变水头管中起始水头高度和起始时间，按预定时间间隔测记水头和时间的变化，并测记出水口的水温。

(5) 将变水头管中的水位变换高度，待水位稳定再进行测记水头和时间变化，重复 5～6 次，当不同开始水头下测定的渗透系数在允许差值范围内时，结束试验。

4.2.6 成果整理

变水头渗透系数应按下式计算：

$$k_T = 2.3\frac{aL}{A\ (t_2 - t_1)}\lg\frac{H_1}{H_2} \tag{4-5}$$

式中 a——变水头管的断面积，cm^2；

2.3——ln 和 lg 的变换因数；

L——渗径，即试样高度，cm；

t_1、t_2——分别为测读水头的起始和终止时间，s；

H_1、H_2——起始和终止水头，cm。

常水头渗透试验的记录格式见表 4-3。

表 4-3　　常水头渗透试验记录

工程编号＿＿＿＿＿＿　　试样编号＿＿＿＿＿＿　　试验日期＿＿＿＿＿＿

试 验 者＿＿＿＿＿＿　　计 算 者＿＿＿＿＿＿　　校 核 者＿＿＿＿＿＿

开始时间 t_1(s)	终了时间 t_2(s)	经过时间 t(s)	开始水头 H_1 (cm)	终了水头 H_1 (cm)	$2.3\frac{aL}{A\times(3)}$	$\lg\frac{H_1}{H_2}$	T℃时的渗透系数 (cm/s)	水温 (℃)	校正系数	水温 20℃时的渗透系数 (cm/s)	平均渗透系数(cm/s)
(1)	(2)	(3)=(2)－(1)	(4)	(5)	(6)	(7)	(8)=(6)×(7)	(9)	(10)=η_T/η_{20}	(11)=(8)×(10)	12

4.2.7 注意事项

(1) 切土时，应避免结构扰动，禁止用切土刀反复涂抹试样表面。

（2）使变水头管充水至需要高度时，一般不应大于2mm。

思　考　题

变水头试验的适用范围有哪些？

试验5　土的压缩固结试验

5.1　土的压缩性指标测定试验

5.1.1　试验目的

按照不同的工程特点，土的压缩可以在不同的环境下进行。国际上通用固结试验（亦称压缩试验）是研究土的压缩性的最基本的方法。固结试验就是将天然状态下的原状土或人工制备的扰动土制备成一定规格的土样，然后置于固结仪内，在不同荷载和在完全侧限条件下测定土的压缩变形，所得各项指标来判断土体的压缩性与建筑物的沉降。

通过测定土样在侧限与轴向排水条件下的变形与压力的关系、变形与时间的关系，计算土的压缩系数、压缩指数、回弹指数、压缩模量、固结系数等指标。

5.1.2　试验仪器

（1）固结容器。由环刀、护环、透水板、加压上盖等组成，环刀内径分 61.8mm 和 79.8mm 两种，高度 20mm 或采用土样面积 30cm 或 50cm 的标准。内壁保证较高的光洁度，透水板宜采用渗透系数大于试样的渗透系数，采用固定容器时，透水板直径宜小于环刀内径 0.2～0.5mm；采用浮环式容器时，上下端透水板直径相等，均应小于环刀内径。其形式如图 5-1 所示。

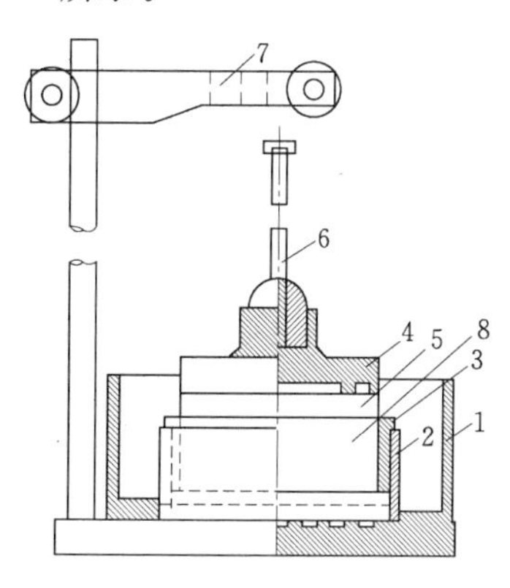

图 5-1　固结仪

1—水槽；2—护环；3—环刀；4—加压盖；5—透水石；6—量表导杆；7—量表架；8—试样

（2）加荷设备。应能够垂直瞬间施加各规定压力，且没有冲击力。可采用量程为 5～10kN 的杠杆式、磅秤式或气压式等加荷设备。

(3) 变形量测设备。可采用最大量程10mm、最小分度值0.01mm的百分表，也可采用准确度为全量程0.2%的位移传感器及数字显示仪或计算机。

(4) 其他设备：毛玻璃板、圆玻璃片、滤纸、切土刀、钢丝锯和凡士林或硅油等。

5.1.3　基本概念

(1) 土在外荷载作用下，水和空气逐渐被挤出，土的骨架颗粒之间相互挤紧，封闭气泡的体积也将减小，从而引起土层的压缩变形，土的外力作用下体积缩小的这种特性称为土的压缩性。土的压缩性主要有两个特点：①土的压缩主要是由于孔隙体积减小而引起的。对于饱和土，土是由固体颗粒和水组成的，在工程上一般的压力作用下，固体颗粒和水本身的体积压缩量都非常微小，可不予考虑，但由于土中水具有流动性，在外力作用下会发生渗流并排除，从而引起土体积减小而发生压缩；②由于孔隙水的排出而引起的压缩对于饱和黏性土来说是需要时间的，土的压缩随时间增长的过程称为土的固结。

(2) 固结试验在理论上根据太沙基提出的单向固结理论得出。作用在饱和土体上某截面总应力由两部分组成，一部分为孔隙水压力，它沿各个方向均匀作用于土颗粒，其中由孔隙水引起的应力称为静水压力；另一部分成为有效应力，它作用于土颗粒的骨架上，其中由土颗粒自重引起的称为自重应力，由上层建筑物引起的称为附加应力。

5.1.4　试验方法

常规压缩试验（慢速压缩试验法），分5级加荷：50kPa、100kPa、200kPa、300kPa、400kPa，每级荷载恒压24h或变形速率<0.005mm/h，测定每级荷载稳定时的总压缩量。

5.1.5　试验步骤

(1) 按工程需要选择面积为30cm或50cm的切土环刀，环刀内侧涂上一层薄薄的凡士林或硅油，刀口应向下放在原状土或人工制备的扰动土上，切取原状土样时，应与天然状态时垂直方向一致。

(2) 小心地边压边削，注意避免环刀偏心入土，使整个土样进入环刀并凸出环刀为止，然后用钢丝锯（软土）或用修土刀（较硬的土或硬土）将环刀两端余土修平，擦净环刀外壁。

(3) 测定土样密度，并在余土中取代表性土样测定其含水率，然后用圆玻璃片将环刀两端盖上，防止水分蒸发。

(4) 在固结仪的固结容器内装上带有试样的切土环刀（刀口向下），在土样两端应贴上洁净而湿润的滤纸，再用提环螺丝将导环置于固结容器中，然后放上透水石和传压活塞以及定向钢球。

(5) 将装有土样的固结容器准确地放在加荷横梁的中心，如采用杠杆式固结仪，应调整杠杆平衡，为保证试样与容器上下各部件之间接触良好，应施加1kPa预压荷载；如采用气压式压缩仪，可按规定调节气压力，使之平衡，同时使各部件之间密合。

(6) 调整百分表或位移传感器至“0”读数，并按工程需要确定加压等级、测定项目以及试验方法。

(7) 加压等级可采用12.5kPa、25kPa、50kPa、100kPa、200kPa、400kPa、800kPa、1600kPa、3200kPa。第一级压力的大小视土的软硬程度分别采用12.5kPa、25kPa或50kPa；最后一级压力应大于土层的自重应力与附加应力之和，或大于上覆土层压力100

～200kPa，但最大压力不应小于400kPa。

(8) 当需要确定原状土的先期固结压力时，初始段的荷重率应小于1，可采用0.5或0.25。最后一级压力应使测得的$e-\lg p$曲线下段出现直线段。对于超固结土，应采用卸压、再加压方法来评价其再压缩特性。

(9) 当需要做回弹试验时，回弹荷重可由超过自重应力或超过先期固结压力的下一级荷重依次卸压至25kPa，然后再依次加荷，一直加至最后一级荷重为止，卸压后的回弹稳定标准与加压相同，即每次卸压后24h测定试样的回弹量。但对于再加荷时间，因考虑到固结已完成，稳定较快，因此可采用12h或更短的时间。

(10) 对于饱和试样，在试样受第一级荷重后，应立即向固结容器的水槽中注水浸没试样，而对于非饱和土样，须用湿棉纱或湿海绵覆盖于加压盖板四周，避免水分蒸发。

(11) 当需要预估建筑物对于时间与沉降的关系，需要测定竖向固结系数C_v，或对于层理构造明显的软土需测定水平向固结系数C_h时，应在某一级荷重下测定时间与试样高度变化关系。读数时间为6s、15s、1min、2min15s、4min、6min15s、9min、12min15s、16min、20min15s、25min、30min15s、36min、42min15s、49min、64min、100min、200min、400min、23h、24h，直至稳定为止。当测定C_h时，需具备水平向固结的径向多孔环，环的内壁与土样之间应贴有滤纸。

(12) 当不需要测定沉降速率时，则施加每级压力后24h测定试样高度变化作为稳定标准；只需测定压缩系数的试样，施加每级压力后，每小时变形达0.01mm时，测定试样高度变化作为稳定标准。

(13) 当试验结束时，应先排除固结容器内水分，然后拆除容器内各部件，取出带环刀的土样，必要时，揩干试样两端和环刀外壁上的水分，分别测定试验后的密度和含水率。

5.1.6 成果整理

按式(5-1)计算试验的初始孔隙比e_0：

$$e_0=\frac{G_s(1+w_0)\rho_w}{\rho_0}-1 \tag{5-1}$$

式中 e_0——试验初始孔隙比；

G_s——土粒比重；

w_0——试样初始含水率，%；

ρ_0——试样初始密度，g/cm；

ρ_w——水的密度，g/cm。

按式(5-2)计算试样的颗粒(骨架)净高h_s：

$$h_s=\frac{h_0}{1+e_0} \tag{5-2}$$

式中 h_s——试样颗粒(骨架)净高，cm；

h_0——试样初始高度，cm。

按式(5-3)计算某级压力下固结稳定后土的孔隙比e_i：

$$e_i = e_0 - \frac{\sum \Delta h_i}{h_s} \tag{5-3}$$

式中　e_i——某级压力下的孔隙比；

$\sum \Delta h_i$——某级压力下试样高度的累计变形量，cm。

绘制 $e-p$ 曲线或 $e-\lg p$ 曲线：

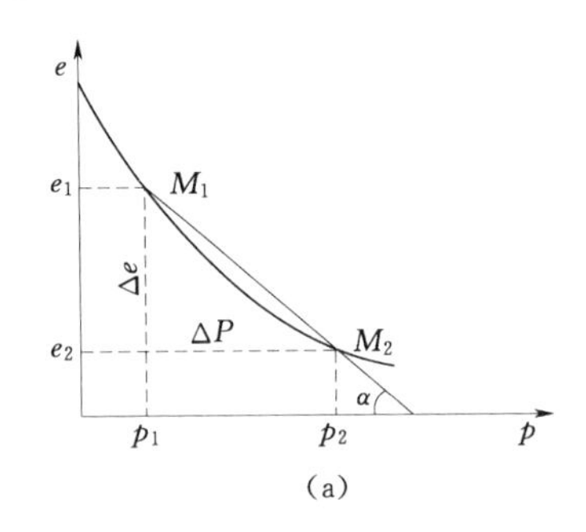

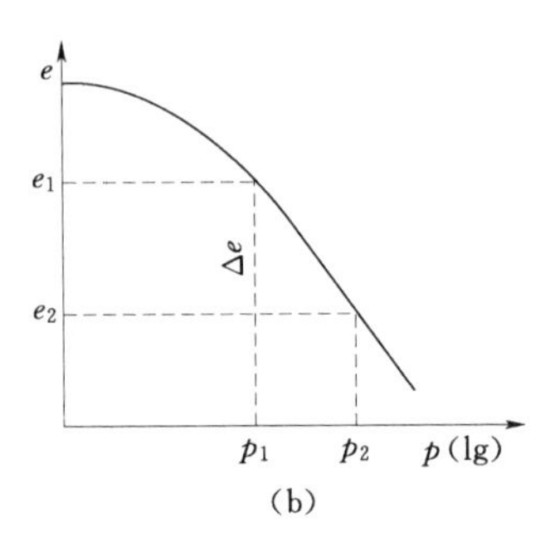

图5-2　$e-p$ 曲线及 $e-\lg p$ 曲线

以孔隙比 e 为纵坐标，以压力 p 为横坐标，绘制 $e-p$ 曲线或 $e-\lg p$ 曲线（图5-2）。

按式（5-4）～式（5-6）计算某一压力范围内压缩系数 a_v、压缩模量 E_s 和体积压缩系数 m_v：

$$a_v = \frac{e_i - e_{i+1}}{p_{i+1} - p_i} \tag{5-4}$$

$$E_s = \frac{1+e_1}{a_v} \tag{5-5}$$

$$m_v = \frac{1}{E_s} = \frac{a_v}{1+e_i} \tag{5-6}$$

式中　a_v——压缩系数，MPa^{-1}；

p_i——某级压力值，MPa；

E_s——压缩模量，MPa；

m_v——体积压缩系数，MPa^{-1}；

其余符号意义见式（5-3）。

按式（5-7）和式（5-8）计算土的压缩指数 C_c 和回弹指数 C_s：

$$C_c = \frac{e_i - e_{i+1}}{\lg p_{i+1} - \lg p_i} \text{（压缩曲线的直线段斜率）} \tag{5-7}$$

$$C_s = \frac{e_i - e_{i+1}}{\lg p_{i+1} - \lg p_i} \text{（压缩曲线回弹滞回圈端点连线的斜率）} \tag{5-8}$$

式中　C_c——压缩指数；

C_s——回弹指数；

其余符号意义见式（5-3）和式（5-4）。

垂直向固结系数 C_v 和水平向固结系数 C_h 计算如下。

1. 时间平方根法

对于某一级压力，以试样变形的量表读数 d 为纵坐标，以时间平方根 $\sqrt{t}$ 为横坐标，绘

制 $d-\sqrt{t}$曲线（图 5-3），延长 $d-\sqrt{t}$曲线开始段的直线，交纵坐标于 d_s（d_s 称为理论零点），过 d_s 作另一直线，并令其另一端的横坐标为前一直线横坐标的 1.15 倍，则后一直线与 $d-\sqrt{t}$曲线交点所对应的时间（交点横坐标的平方）即为试样固结度达 90%所需的时间 t_{90}，该级压力下的垂直向固结系数 C_v 按式（5-9）计算：

$$C_v=\frac{0.848\,\overline{h}^2}{t_{90}} \tag{5-9}$$

式中 C_v——垂直向固结系数，cm/s；

h——最大排水距离，等于某级压力下试样的初始高度与终了高度的平均值之半，cm；

t_{90}——固结度达 90%所需的时间，s。

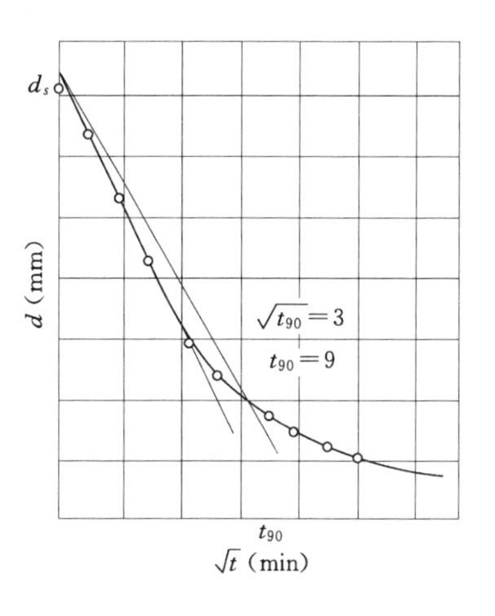

图 5-3 时间平方根法求 t_{90}

如果试样在垂直方向加压，而排水方向是径向水平向外，则水平向固结系数 C_h 按式（5-10）计算：

$$C_h=\frac{0.335R^2}{t_{90}} \tag{5-10}$$

式中 C_h——水平向固结系数，cm/s；

R——径向渗透距离（环刀的半径），cm。

2. 时间对数法

对于某一级压力，以试样变形的量表读数 d 为纵坐标，以时间的对数 $\lg t$ 为横坐标，在半对数纸上绘制 $d-\lg t$ 曲线（图 5-4），该曲线的首段部分接近为抛物线，中部一段为直线，末段部分随着固结时间的增加而趋于一条直线。

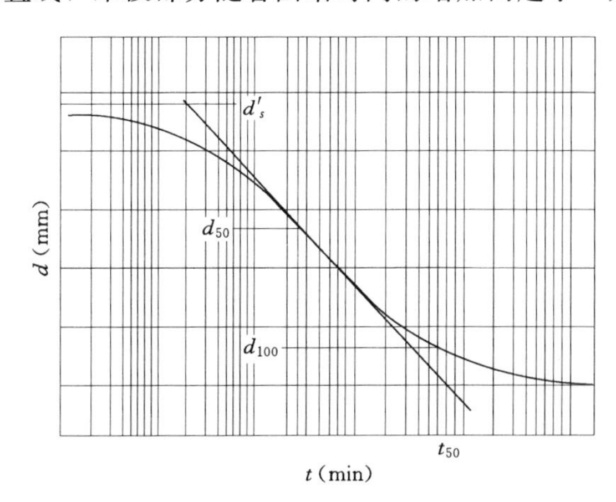

图 5-4 时间对数法求 t_{50}

在 $d-\lg t$ 曲线的开始段抛物线上，任选一个时间 t_a，相对应的量表读数为 d_a，再取时间 $t_b=4t_a$，相对应的量表读数为 d_b，从时间 t_a 相对应的量表读数 d_a，向上取时间 t_a 相对应的量表读数 d_a 与时间 t_b 相对应的量表读数 d_b 的差值 d_a-d_b，并作一条水平线，水平线的纵坐标 $2d_a-d_b$ 即为固结度 $U=0\%$ 的理论零点 d_{01}；另取时间按同样方法可求得 d_{02}、d_{03}、d_{04}等，取其平均值作为平均理论零点 d_0，延长曲线中部的直线段和通过曲线尾部切线的交点即为固结度 $U=100\%$ 的理论终点 d_{100}。

根据 d_0 和 d_{100}即可定出相应于固结度 $U=50\%$的纵坐标 $d_{50}=(d_0+d_{100})/2$，对应于 d_{50}的时间即为试样固结度 $U=50\%$所需的时间 t_{50}，对应的时间因数为 $T_v=0.197$，于是，某级压力下的垂直向固结系数可按式（5-11）计算：

$$C_v=\frac{0.197\overline{h}^2}{t_{50}} \tag{5-11}$$

式中 t_{50}——固结度达50%所需的时间，mm；

其余符号意义见式（5-9）。

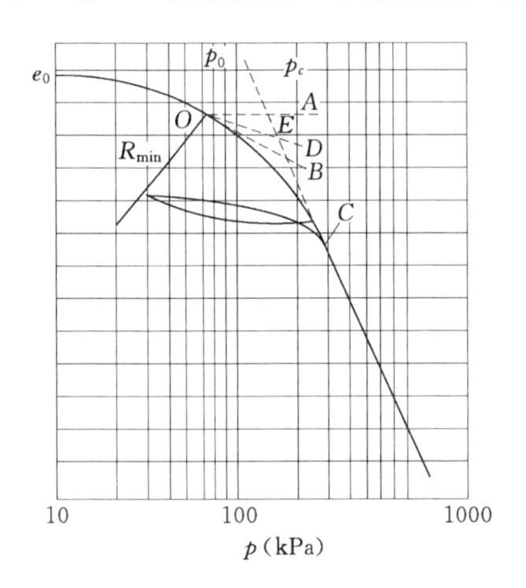

图5-5 由 $e-\lg p$ 曲线确定先期固结压力

先期固结压力确定：

先期固结压力 p_c，常用卡萨罗兰德（Cass Grande）1936年提出的经验作图法来确定（图5-5），具体步骤如下：

（1）在 $e-\lg p$ 曲线拐弯处找出曲率半径最小的点 O，过 O 作水平线 OA 和切线 OB。

（2）作 $\angle AOB$ 的平分线 OD，与 $e-\lg p$ 曲线直线段的延长线交于 E 点。

（3）E 点所对应的有效应力即为原状土试样的先期固结压力 p_c。

必须指出，采用这种简易的经验作图法，要求取土质量较高，绘制 $e-\lg p$ 曲线时，还应注意选用适合的坐标轴比例，否则，很难找到曲率半径最小的点 O。

试验记录表如下表5-1和表5-2。

表5-1　　标准固结试验记录表

工程名称＿＿＿＿　　工程编号＿＿＿＿　　试验日期＿＿＿＿

试 验 者＿＿＿＿　　计 算 者＿＿＿＿　　校 核 者＿＿＿＿

经过时间 (min)	$P=$ (kPa)		$P=$ (kPa)		$P=$ (kPa)		$P=$ (kPa)		$P=$ (kPa)	
	时间	量表读数 (0.01mm)	时间	量表读数 (0.01mm)	时间	量表读数 (0.01mm)	时间	量表读数 (0.01mm)	时间	量表读数 (0.01mm)
0										
0.1										
0.25										
1										
4										
6.25										
9										
12.25										
16										
20.25										
25										
30.25										
36										

续表

经过时间 (min)	$P=$ (kPa)		$P=$ (kPa)		$P=$ (kPa)		$P=$ (kPa)		$P=$ (kPa)	
	时间	量表读数 (0.01mm)	时间	量表读数 (0.01mm)	时间	量表读数 (0.01mm)	时间	量表读数 (0.01mm)	时间	量表读数 (0.01mm)
42.25										
49										
64										
100										
200										
23 (h)										
24 (h)										
总变形量 (mm)										
仪器变形量 (mm)										
试样总变形量 (mm)										

表 5-2　　标准固结试验记录表

工程名称＿＿＿＿＿　　工程编号＿＿＿＿＿　　试验日期＿＿＿＿＿

试 验 者＿＿＿＿＿　　计 算 者＿＿＿＿＿　　校 核 者＿＿＿＿＿

密　　度 $\rho=$　　g/cm　　比　　重 $G_s=$　　含 水 率 $\omega=$　　%

试验前试样高度 $h_0=$　　cm　　试验前孔隙比 $e_0=$　　颗粒净高 $h_s=$　　cm

压力 (kPa)	读数时间 (min)	各级荷重压缩时间 (h)	量表读数 (0.01mm)	压缩量 (mm)	孔隙比缩减量	压缩系数 (MPa^{-1})	压缩模量 (MPa)	排水距离 (cm)	固结系数 (cm^2/s)
P	T	t	R_i	$\sum \Delta h_i$	$\Delta e_i=\frac{\sum h_i}{h_s}$	$\alpha=\frac{e_i-e_{i+1}}{p_{i+1}-p_i}$	$E_s=\frac{e_i+1}{\alpha}$	$h=\frac{h_i+h_{i+1}}{4}$	$C_v=\frac{T_V\ (h)^2}{t}$
		0							
		24							
		24							
		24							
		24							

5.1.7 注意事项

(1) 首先装好试样，再安装量表。在装量表的过程中，小指针需调至整数位，大指针调至零，量表杆头要有一定的伸缩范围，固定在量表架上。

(2) 压缩容器内放置的透水石、滤纸湿度尽量与试样湿度接近。

(3) 加荷时，应按顺序加砝码；试验中不要振动试验台，以免指针产生移动。

思　考　题

(1) 土体的压缩都与哪些因素有关？在工程上体现在哪些方面？

(2) 土体的压缩与哪些指标有关？

（3）时间平方根法和时间对数法的原理是什么？

5.2　土的载荷试验（原位试验）

5.2.1　试验目的

载荷试验是在现场用一个刚性承压板逐级加荷，测定天然地基或复合地基的变形随荷载的变化而变化，借以确定地基承载力的试验。根据承压板的设置深度及特点，可分为浅层、深层平板载荷试验和螺旋板载荷试验，其中，浅层平板载荷试验适用于浅层地基，螺旋板载荷试验和深层平板载荷试验适用于深层地基或地下水位以下的土层。本章以浅层平板载荷试验为主进行论述。

浅层平板载荷试验是在现场用一定面积的刚性承压板逐级加荷，测定天然埋藏条件下浅层地基变形随荷载而变化的试验，实际上是模拟建筑物地基基础在受荷条件下工程性能的一种现场模型试验。

在现场挖一试坑，在试坑底部放置一个刚性承压板，在承压板上逐级施加垂直荷载，直到预估的地基极限荷载或满足其他终止试验条件，同时量测各级荷载下地基随时间而发展的沉降量。试验成果经过整理后，可用于以下目的：

（1）确定地基土的比例界限压力、破坏压力，评定地基上的承载力。

（2）确定地基土的变形模量。

（3）估算地基土的不排水抗剪强度。

（4）确定地基土基床反力系数。

浅层平板载荷试验适用于地表浅层地基土，包括各种填土、含碎石的土。另外，载荷试验也可以用于地基处理效果检测和测定桩的极限承载力。

5.2.2　试验仪器

浅层平板载荷试验的试验设备由加荷系统、反力系统和量测系统三部分组成。

1. 加荷系统

加荷系统包括承压板和加荷装置，所施加的荷载通过承压板传递给地基土。承压板一般采用圆形或方形的刚性板，也有根据试验要求采用矩形承压板。对于土的浅层平板载荷试验，承压板的尺寸根据地基土的类型和试验要求有所不同。在工程实践中，可根据试验岩土层状况选用合适的尺寸，一般情况下，可参照下面的经验值选取：

对于一般黏性土地基，常用面积为 $0.5m^2$ 的圆形或方形承压板；

对于碎石类土，承压板直径（或宽度）应为最大碎石直径的10～20倍；

对于岩石类土，承压板的面积以 $0.10m^2$ 为宜。

加荷装置总体上可分为重物加荷装置和千斤顶加荷装置。重物加荷装置是将具有已知重量的标准钢锭、钢轨或混凝土块等重物按试验加载计划依次地放置在加载台上，达到对地基土施加分级荷载的目的。千斤顶加荷装置在反力装置的配合下对承载板施加荷载，根据使用的千斤顶类型，又分为机械式或油压式；根据使用千斤顶数量的不同，又分为单个千斤顶加荷装置和多个千斤顶加荷装置。

经过标定的带有油压表的千斤顶可以直接读取施加荷载的大小，如果采用不带油压表的千斤顶或机械式千斤顶，则需要配置应力计进行实现标定。

2. 反力系统

荷载试验的反力可以由重物、地锚或地锚与重物共同提供，由地锚（或重物）和梁架组合成稳定的反力系统。常见的荷载试验反力系统见图5-6。

3. 量测系统

位移量测系统包括基准和位移量测元件，基准梁的支撑应离承压板和地锚（如果采用地锚提供反力）一定的距离，以避免地表变形对基梁的影响。位移测量元件可以采用百分表或位移传感器。

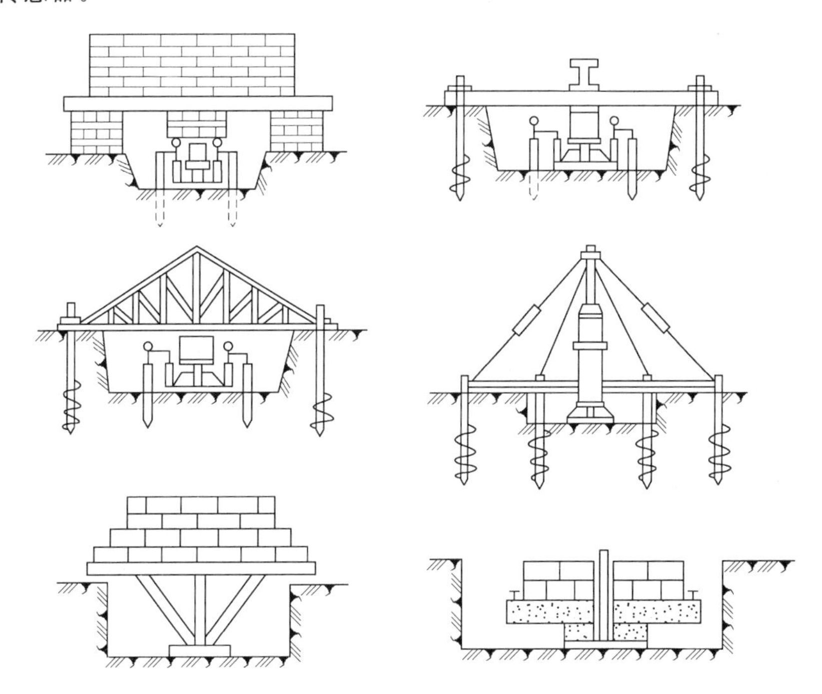

图5-6　荷载试验反力系统示意图

5.2.3　基本概念

由典型的平板载荷试验得到的压力一沉降曲线（p—s曲线）可以分为三个阶段，见图5-7所示。

（1）直线变形阶段：当压力小于比例极限压力p_0时，p—s呈直线关系。

（2）剪切变形阶段：当压力大于p_0而小于极限压力p_u时，p—s关系由直线变为曲线关系。

（3）破坏阶段：当压力大于极限压力p_u时，沉降急剧增大。

试验研究表明，载荷试验所得到的压力p与相应的土体沉降s的关系曲线（即p—s曲线）直接反映土体所处的应力状态。在直线变形阶段，受荷土体中任意点产生的剪应力小于土体的抗剪强度，土的变形主要由土中空隙的减少而引起，土体变形主要是竖向压缩，并随时间的增长逐渐趋于稳定。

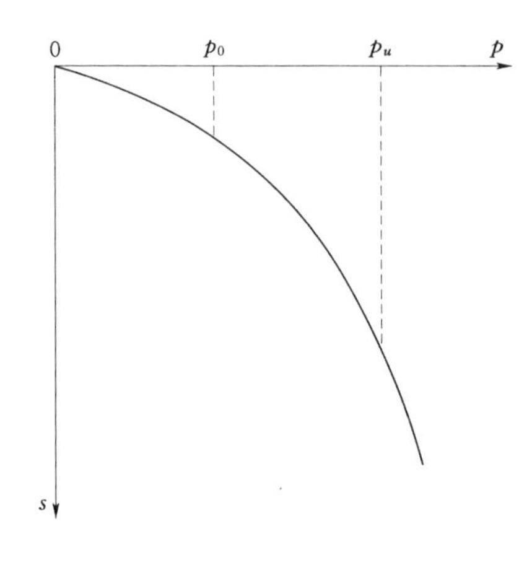

图5-7　平板载荷试验 p—s 曲线

在剪切变形阶段，p—s 关系曲线的斜率随压力 p 的增大而增大，土体除了竖向压缩之外，在承压板的边缘已有小范围内土体承受的剪应力达到了或超过了土的抗剪强度，并开始向周围土体发展，处于该阶段土体的变形由土体的竖向压缩和土粒的剪切变位同时引起。

在破坏阶段，即使压力不再增加，承压板仍不断下沉，土体内部形成连续的滑动面，在承压板周围土体发生隆起及环状或放射状裂隙，此时，在滑动土体内各点的剪应力均达到或超过土体的抗剪强度。

对于载荷试验的直线变形阶段，可以用弹性理论分析压力与变形之间的关系。

(1) 对于各向同性弹性半空间，由弹性理论可知，刚性压板作用在半空间表面或近地表时，土的变形模量为

$$E_0=I_0I_1K(1-\mu^2)d \tag{5-12}$$

式中　d——承压板直径（或方形承压板边长）；

I_0——压板位于表面的影响系数，对于圆形承压板，$I_0=\frac{\pi}{4}=0.785$，对于方形承压板，$I_0=0.886$；

I_1——承压板埋深 z 时的修正系数，当 $z<d$ 时，$I_1\approx1-(0.27d/z)$，当 $z>d$ 时，$I_1\approx0.5+(0.23d/z)$；

K——p—s 关系曲线直线段的斜率；

μ——土的泊松比。

(2) 对于非均质各向异性弹性半空间，这里只考虑地基土模量随深度线性增加的情况。通过采用不同直径的圆形承压板载荷试验，由于其试验影响深度的不同，可以测得地基土不同深度范围内的综合变形模量，然后评价地基土模量随深度的变化规律。假设地基土模量随深度的变化规律表示为 $E_{0z}=E_0+n_vz$，其中，承压板放置深度 $z=ab$（b 为承载板直径）。E_0 和 n_v 分别为地基土模量常数项和深度修正系数，由下式计算：

$$E_0=(1-\mu^2)\left(\frac{k_1-K_2}{d_1-d_2}\right)d_1d_2 \tag{5-13}$$

$$n_v=\frac{I_0(1-\mu^2)}{\alpha}\left(\frac{K_1d_1-K_2d_2}{d_1d_2}\right) \tag{5-14}$$

式中　K_1、K_2——采用直径为 d_1 和 d_2 时载荷试验 p—s 曲线的斜率。

5.2.4　试验方法

1. 试验设备的安装

这里以地锚反力系统为例加以叙述。

(1) 下地锚：在确定试坑位置后，根据计划使用地锚的数量（4只或6只），以试坑

中心为中心点对称布置地锚。各个地锚的深度要一致，一般下在较硬地层为好，可以提供较大的反力。

（2）挖试坑：根据固定好的地锚位置来复测试坑位置，开挖试坑的边长（或直径）不应小于承压板边长或直径的3倍，并挖至试验深度。

（3）放置承压板：在试坑中心根据承压板的大小铺设不超过20mm厚度的砂垫层并找平。然后小心平放承压板，防止歪斜着地。

（4）千斤顶和测力计的安装：以承压板为中心，依次放置千斤顶、测力计和分力帽，使其重心保持在一条直线上。

（5）横梁和连接件的安装：通过连接件将次梁安装在地锚上，以承压板为中心将主梁通过连接件安装在次梁上，形成反力系统。

（6）沉降测量系统的安装：打设支撑柱，安装测量横杆，固定百分表或位移传感器，形成完整的沉降量测系统。

2. 试验要求

对于浅层平板载荷试验，应当满足以下技术要求。

（1）试验技术要求。浅层平板载荷试验的试坑宽度不应小于承载板宽度或直径的3倍。试坑底部的岩土应避免扰动，保持原状结构和天然湿度，在承压板下铺设不超过20mm的砂垫层并找平，之后尽快安装设备。

（2）承载板的尺寸。荷载试验宜采用圆形刚性承载板，根据土的软硬或岩体裂隙密度选用合适的尺寸；对于浅层平板载荷试验面积不应小于0.25m^2。当在软土和粒径较大的填土上进行试验时，承载板尺寸不应小于0.5m^2。

（3）加载方式。荷载试验的加载方式一般采用分级维持荷载沉降相对稳定法（通常称为慢速法）；有地区经验时，可采用分级加荷沉降非稳定法（通常称为快速法）或等沉降速率法。关于加荷等级的划分，一般取10～12级，并不小于8级。最大加载量不应小于地基土承载力设计值的两倍，荷载的量测精度控制在±1%。

（4）沉降观测。根据《岩土工程勘察规范》（GB 50021－2001），当采用慢速法时，对于土体，每级荷载间隔5min、5min、10min、10min、15min、15min测读一次沉降，以后间隔30min测读一次沉降，当连续2h每小时沉降量不大于0.1mm时，认为沉降已达到相对稳定标准，施加下一级荷载；当试验对象是岩石时，间隔1min、2min、2min、5min测读一次沉降，以后间隔10min测读一次沉降，当连续三次读数之差小于0.01mm时，认为沉降已达到相对稳定标准，施加下一级荷载。

采用快速法时，每加一级荷载按间隔15min观测一次沉降。每级荷载维持2h，即可施加下一级荷载。最后一级荷载可观测至沉降达到相对稳定标准或仍维持2h。

当采用等沉降速率法时，控制承压板以一定的沉降速率沉降，测读与沉降相应的所施加的荷载，直至土体达破坏状态。

（5）试验终止条件。一般应尽可能进行到试验土层达到破坏阶段，然后终止试验。当出现下列情况之一时，可认为已达破坏阶段，并可终止试验。

1）承载板周边的土出现明显侧向挤出，或出现明显隆起，或径向裂缝持续发展。

2）本级荷载的沉降量大于前级荷载沉降量的5倍：荷载与沉降关系曲线出现明显

下降。

3）在某级荷载下，24h 沉降速率不能达到相对稳定标准。

4）总沉降量与承载板直径（或边长）之比超过 0.06。

5.2.5　试验步骤

（1）加荷操作：加荷等级一般分 10～12 级，并不小于 8 级。最大加载量不应小于地基承载力设计值的 2 倍，荷载的量测精度控制在±1%。加荷必须按照预先规定的级别进行，第一级荷载需要加上设备的质量并减去挖掉土的自重。所加荷重是通过事先标定好的测力计百分表的读数反映出来的，因此，必须预先根据标定曲线或表格计算出预定的荷重所对应的百分表读数。

（2）稳压操作：每级荷重下都必须保持稳压，由于加压后地基沉降、设备变形和地锚受力拔起等原因，都会引起荷重的降低，必须及时观察测力计百分表指针的变动，并通过千斤顶不断地补压，使荷重保持相对稳定。

（3）沉降观测：采用慢速法时，对于土体，每级荷载施加后，间隔 5min、5min、10min、10min、15min、15min 测读一次沉降，以后间隔 30min 测读一次沉降，当连续 2h 每小时沉降量不大于 0.1mm 时，认为沉降已达到相对稳定标准，施加下一级荷载，直至达到试验终止条件（见前文所述）。

（4）试验观测与记录：在试验过程中，必须始终按规定将观测数据记录在载荷试验记录表中。试验记录是载荷试验中最重要的第一手资料，必须正确记录，并严格校对。

5.2.6　成果整理

载荷试验的最后成果是通过对现场原始试验数据进行整理、依据现有的规范或规定作出的。其中最重要的原始试验记录是载荷试验沉降观测记录表，不仅记录沉降，还记录了荷载等级和其他与载荷试验相关的信息，如载荷板尺寸、载荷点试验深度等。

静力载荷试验资料整理分以下几个步骤：

5.2.6.1　绘制 p（荷载）—s（沉降）曲线

根据载荷试验沉降观测原始记录，将（p，s）点绘在厘米坐标纸上。

5.2.6.2　p—s 曲线的修正

如果原始 p—s 曲线的直线段延长线不通过原点（0，0），则需对 p—s 曲线进行修正。可采用两种方法进行修正。

1. 图解法

先以一般坐标纸绘制 p—s 曲线，如果开始的一些观测点（p，s）基本上在一条直线上，则可直接用图解法进行修正。即将曲线上的各点同时沿 s（沉降）坐标平移 s。使 p—s 曲线的直线段通过原点。

2. 最小二乘修正法

对于已知 p—s 曲线开始一段近似为一直线（p—s 曲线具有明显的直线段和拐点），可用最小二乘法求出最佳回归直线。假设 p—s 曲线的直线段可以用下式来表示：

$$s=s_0+c_0p \tag{5-15}$$

需要确定两个系数 s_0 和 c_0。如果 s_0 等于零，则表明该直线通过原点，否则不通过原点。求得 s_0 后，$s'=s-s_0$ 即为修正后的沉降数据。

对于圆滑形或不规则形的 p—s 曲线（即不具有明显的直线段和拐点），可假设其为抛物线或高阶多项式表示的曲线，通过拟合求得常数项，即 s_0。

5.2.6.3 绘制 $s-\lg t$ 曲线

在单对数坐标纸上绘制每级荷载下的 $s-\lg t$ 曲线。同时需要标明每根曲线的荷载等级，荷载单位用 kPa。

5.2.6.4 绘制 $\lg p$—$\lg s$ 曲线

在双对数坐标纸上绘制 $\lg p$—$\lg s$ 曲线，注意标明坐标名称和单位。

5.2.6.5 成果应用

1. 确定地基的承载力

在资料整理的基础上，应根据 p—s 曲线拐点，必要时，结合 s—$\lg t$ 曲线的特征，确定比例界限压力和极限压力。但 p—s 关系呈缓变曲线时，可取对应于某一相对沉降值（即 s/b 为承压板直径或边长）的压力评定地基的承载力。

（1）拐点法。如果拐点明显，直接从 p—s 曲线上确定拐点作为比例界限，并取该比例界限所对应的荷载值作为地基承载力特征值。

（2）极限荷载法。先确定极限荷载，当极限荷载小于对应的比例界限的荷载值的 2 倍时，取极限荷载的一半作为地基承载力特征值。

（3）相对沉降法。当按上述两种方法不能或不易确定地基承载力时，在 p—s 曲线上取 s/b（相对沉降）为一定值所对应的荷载为地基承载力特征值。按 GB 50021—2002，当承压板面积为 0.25－0.50m^2 时，可取 $s/b=0.01\sim0.015$ 所对应的荷载作为地基承载力特征值。但其值不应大于最大加载量的一半。

2. 确定地基的变形模量

（1）对于各向同性地基，当地表无超载时（相当于承载板墨于地表），按下式计算：

$$E_0=I_0 I_1 K(1-\mu^2)d \tag{5-16}$$

（2）对于各向同性地基，当地表有超载时（相当于靠近地表、在地表以下一定深度处进行试验）。

3. 确定地基的基床反力系数

依据平板载荷试验 p—s 曲线直线段的斜率，可以直接确定载荷试验基床反力系数。依据国标《岩土工程勘察规范》（GB 50021—2001），当采用边长为 30cm 的平板载荷试验时，可据下式确定 K_v：

$$K_v=\frac{p}{s} \tag{5-17}$$

如果 p—s 曲线初始无直线段，则 p 可取极限压力之半，s 为相应于该 p 值的沉降量。

由荷载试验求得的基床反力系数 K，按下式换算成基准基床反力系数 K_{v1}。

对于黏性土
$$K_{v1}=3.28bK_v \tag{5-18a}$$

对于砂土
$$K_{v1}=\frac{4b^2}{b+0.305}K_v \tag{5-18b}$$

上两式中　b——承压板的直径或边长。

由基准基床反力系数 K_{v1}，按下式求得地基的基床反力系数 K_s：

对于黏性土
$$K_s=\frac{0.305}{B_f}K_{v1} \tag{5-19}$$

对于砂土
$$K_s=\frac{B_f+0.305^2}{2B_f}K_{v1} \tag{5-20}$$

式中　B_f——基础宽度。

4. 平板载荷试验的其他应用

如评价地基不排水抗剪强度，预估地基最终沉降量和检验地基处理效果是否达到地基承载力的设计值。

5.2.7　注意事项

（1）仪器安装一定要仔细，千斤顶、测力计、承压板等一定要在一条轴线上。

（2）加压时一定要均匀，避免用力过猛。加压过程中要随时观察，有无倾斜过大、地锚拔出等现象。

（3）不要超负荷加压，以免损坏仪器。有问题应及时找指导老师解决。

（4）注意试验过程中的安全。

思　考　题

（1）简述荷载试验在工程应用的意义。

（2）如何判别荷载试验的结束标准？

5.3　土的旁压试验（原位试验）

旁压试验是工程地质勘察中的一种原位测试方法，在1930年前后由德国工程师Kogler发明，也称横压试验。旁压试验几十年来在国内外岩土工程中得到迅速发展并逐渐成熟，其试验方法简单、灵活、方便准确。它的原理是通过旁压器，在竖直的孔内使旁压膜膨胀，并由该膜（或护套）将压力传给周围土体，使土体产生变形直至破坏，从而得到压力与扩张体积（或径向位移）之间的关系，根据这种关系对地基土的承载力（强度）、变形性质等进行评价。旁压试验适用于黏性土、粉土、砂土、本石土、极软岩和软岩等地层。

预钻式旁压仪需要预先成孔，常用于成孔性能较好的地层，其操作、使用方便，不受任何条件限制。

5.3.1　试验目的

（1）熟练掌握旁压仪的使用方法。

（2）通过试验，掌握绘制旁压曲线的方法。

5.3.2　试验仪器

旁压试验所需的仪器设备主要由旁压器、变形测量系统和加压稳压装置等部分组成。国内使用的预钻式旁压仪有PY型和较新的PM型两种型号，现以预钻式型旁压仪为例介绍如下。

1. 旁压器

又称旁压仪，是旁压试验的主要部件，整体呈圆柱形状，内部为中空的优质铜管，外层为特殊的弹性膜。根据试验土层的情况，旁压器外径上可以方便地安装橡胶保护套或金属保护套（金属铠），以保护弹性膜不直接与土层中的锋利物接触，延长弹性膜的使用寿命。

旁压器为三腔式圆柱形结构，外套有弹性膜。PY 型旁压器外径为 50mm（若带有金属护套则为 55mm），三腔总长 450mm，中腔为测试腔，长 250mm，初始体积为 491mm^3（若带有金属护套，则为 594mm^3），上、下腔为保护腔，各长 100mm，上、下腔之间有铜管相连，而与中腔隔离 PM 旁压器与 PY 型结构相似，技术指标有差异，图 5－8 是 PM—1 型旁压器的结构原理图。

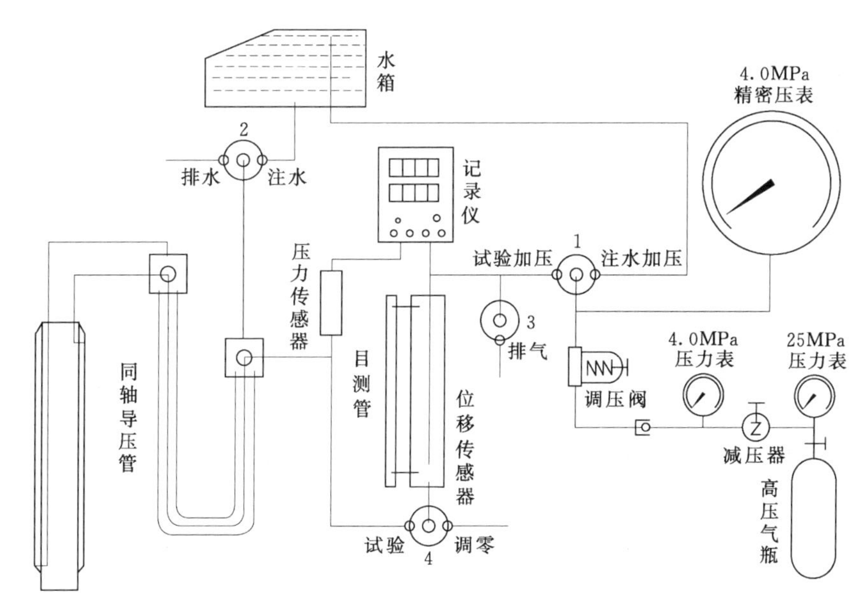

图 5－8 PM—1 型旁压仪系统原理图

2. 变形测量系统

由不锈钢储水筒、目测管、位移和压力传感器、显示记录仪、精密压力表、同轴导压管及阀门等组成，用于向旁压器注水、加荷并测量、记录旁压器在受压下的径向位移，即土体变形，精密压力表和目测管是在自动记录仪有故障时应急使用。

3. 加压稳压装置

由高压储气瓶、精密调压阀、压力表及管路等组成，用来在试验中向土体分级加压，并在试验规定的时间内自动精确稳定各级压力。

5.3.3 基本概念

旁压试验可理想化为圆柱孔穴扩张课题，为轴对称平面应变问题。典型的旁压曲线（压力 p—体积变化量 v 曲线或压力 p—测管水位下降值 S，如图 5－9 所示）可分为三段。

Ⅰ段（曲线 AB）：初步阶段，反映孔壁受扰动土的压缩；

Ⅱ段（直线 BC）：线弹性阶段，压力与体积变化量大致成直线关系；

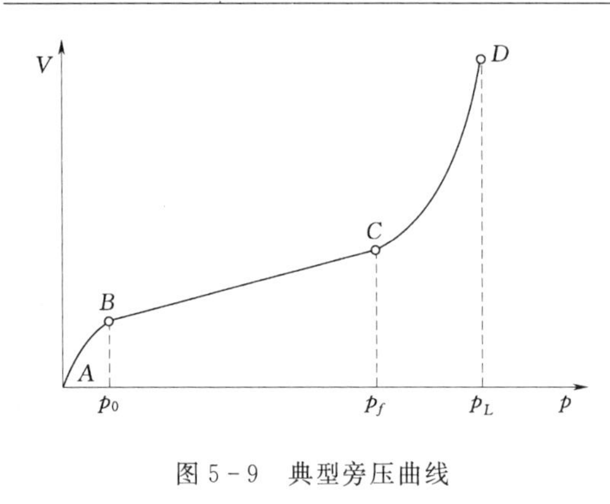

图5-9　典型旁压曲线

Ⅲ段（曲线CD）：塑性阶段，随着压力的增大，体积变化量逐渐增加，最后急剧增大，达到破坏。

Ⅰ—Ⅱ段的界限压力相当于初始水平压力P_0，Ⅱ—Ⅲ段的界限压力相当于临塑压力P_f，Ⅲ段末尾渐近线的压力为极限压力P_L。

依据旁压曲线弹性阶段（BC段）的斜率，由圆柱扩张轴对称平面应变的弹性理论解，可得旁压模量E_M和旁压剪切模量G_M。

$$E_M=2(1+\mu)\left(V_C+\frac{V_0+V_f}{2}\right)\frac{\Delta P}{\Delta V} \tag{5-21}$$

$$G_M=\left(V_C+\frac{V_0+V_f}{2}\right)\frac{\Delta P}{\Delta V} \tag{5-22}$$

式中　μ——土的泊松比；

V_C——旁压器的固有体积；

V_0——与初始压力P_0对应的体积；

V_f——与临塑压力P_f对应的体积；

$\frac{\Delta P}{\Delta V}$——旁压曲线直线段的斜率。

工作时，由加压装置通过增压缸的面积变换，将较低的气压转换为较高压力的水压，并通过高压导管传至旁压器，使弹性膜膨胀导致地基孔壁受压而产生相应的变形。其变形量由增压缸的活塞位移值S确定，压力值由与增压缸相连的压力传感器测得。根据所测结果，得到压力值和位移值S间的关系，即旁压曲线。从而得到地基土层的临塑压力、极限压力旁压模量等有关土力学指标。

5.3.4　试验方法

旁压试验按将旁压器放置在土层中的方式分为：预钻式旁压试验、自钻式旁压试验和压入式旁压试验。预钻式旁压试验是事先在土层中预钻一竖直钻孔，再将旁压器下到孔内试验深度（标高）处进行旁压试验，预钻式旁压试验的结果很大程度上取决于成孔的质量；自钻式旁压试验是在旁压器的下端装置切削钻头和环形刃具，在以静力压入土中的同时，用钻头将进入刃具的土切碎，并用循环泥浆将碎土带到地面，钻到预定试验深度后，停止压入，进行旁压试验；压入式旁压试验又分为圆锥压入式和圆筒压入式，都是用静力将旁压器压入指定的试验深度进行试验，压入式旁压试验在压入过程中对周围有挤土效应，对试验结果有一定的影响。目前，国际上出现一种将旁压腔与静力触探探头组合在一起的仪器，在静力触探试验的过程中，可随时停止贯入进行旁压试验，从旁压试验的角度，应属于压入式。

5.3.5　试验步骤

1. 试验前准备工作

使用前，必须熟悉仪器的基本原理、管路图和各阀门的作用，并按下列步骤做好准备工作：

（1）向水箱注满蒸馏水或干净的冷开水，旋紧水箱盖。注意，试验用水严禁使用不干净水，以防生成沉积物而影响管道的畅通。

（2）连通管路：用同轴导压管将仪器主机和旁压器轴心连接，并用专用扳手旋紧，连接好气源导管。

（3）注水：打开高压气瓶阀门并调节其上减压器，使其输出压力为0.15MPa左右。将旁压器竖直于地面，阀1置于注水加压位置，阀2置于注水位置，阀3置于排气位置，阀4置于试验位置。细心地旋转调压阀手轮，给水箱施加不大于0.10MPa的压力，以水箱盖中的皮膜受力鼓起肘为准，以加快注水速度。当水上升至（或稍高于）目测管的“0”位时，关闭阀2、阀1，旋松调压阀，打开水箱盖。在此过程中，应不断晃动拍打导压管和旁压器，以排出管路中滞留的空气，见图5-8。

（4）调零：把旁压器垂直提高，使其测试腔的中点与目测管“0”刻度相起平，小心地将阀4旋至调零位置，使目测管水位逐渐下降至“0”位时，随即关闭阀4，将旁压器放好待用。

（5）检查传感器和记录仪的连接等是否处于正常工况，并设置好试验时间标准。

2. 仪器校正

试验前，应对仪器进行弹性膜（包括保护套）约束力校正和仪器综合变形校正，具体项目按下列情况确定：

（1）旁压器首次使用或旁压仪有较长时间不用，两项校正均需进行。

（2）更换弹性膜（或保护套）需进行弹性膜约束力校正，为提高压力精度，弹性膜经过多次试验后，应进行弹性膜复校试验。

（3）加长或缩短导压管时，需进行仪器综合变形校正试验。

弹性膜约束力校正方法是：将旁压器竖立地面，按试验加压步骤适当加压（0.05MPa左右即可）使其自由膨胀。先加压，当测水管水位降至近36cm时，退压至零，如此反复5次以上，再进行正式校正，其具体操作、观测时间等均按下述正式试验步骤进行。压力增量采用10kPa，按1min的相对稳定时间测记压力及水位下降值，并据此绘制弹性膜约束力校正曲线图。

仪器综合变形校正方法是：连接好合适长度的导管，注水至要求高度后，将旁压器放入校正筒内，在旁压器受到刚性限制的状态下进行。按试验加压步骤对旁压器加压，压力增量为100kPa，逐级加压至800kPa以上后，终止校正试验。各级压力下的观测时间等均与正式试验一致，根据所测压力与水位下降值绘制其关系曲线见图5-10，曲线应为一斜线，其直线对户轴的斜率$\Delta S/\Delta P$即为仪器综合变形校正系数α。

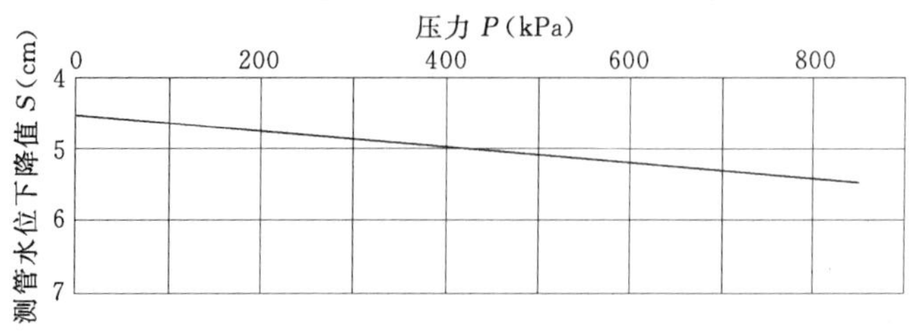

图5-10 仪器综合变形校正曲线示意图

压力、位移传感器在出厂时均已与记录仪一起配套标定，如在更换其中之一时或发现有异常情况时，应进行传感器的重新标定。

3. 预钻成孔

针对不同性质的土层及深度，可选用与其相应的提土器或与其相适应的钻机钻头。例如，对于软塑一流塑状态的土层，宜选用提土器；对于坚硬一可塑状态的土层，可采用勺型钻；对于钻孔孔壁稳定性差的土层，可采用泥浆护壁钻进。

孔径根据土层情况和选用的旁压器外径确定，一般要求比所用旁压器外径大 2～3mm 为宜，不允许过大。钻孔深度一旁压器测试腔中点处为试验深度。

旁压试验的可靠性关键在于成孔质量的好坏，钻孔直径与旁压器的直径相适应，孔径太小，将使放入旁压器困难，或扰动土体；孔径太大，会因旁压器体积容量的限制而过早结束试验。预钻成孔的孔壁要求垂直、光滑，孔壁圆整，并减少对土体的扰动，并保持孔壁土层的天然含水量。各种旁压曲线见图5－11。

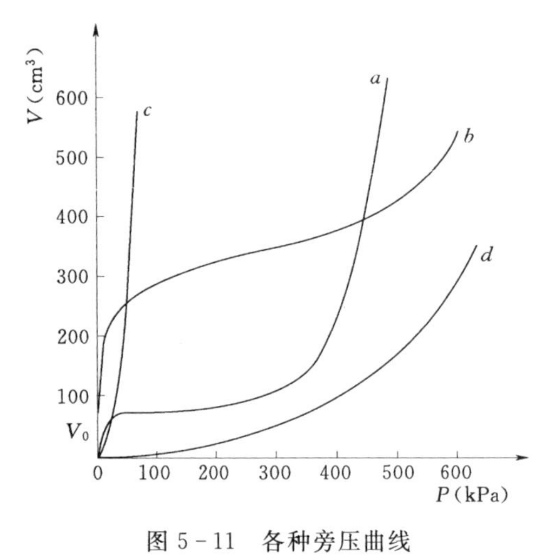

图 5－11　各种旁压曲线

从图 5－11 上可以看出：a 线为正常的旁压曲线，b 线反映孔壁严重扰动，因旁压器体积容量不够而迫使试验终止；c 线反映孔径太大，旁压器的膨胀量有相当一部分消耗在空穴体积上，试验无法进行；d 线系钻孔直径太小，或有缩孔现象，试验前孔壁已受到挤压，故曲线没有前段。

值得注意的是，试验必须在同一土层，否则，不但试验资料难以应用，且当上、下两种土层差异过大时，会造成试验中旁压器弹性膜的破裂，导致试验失败。另外，钻孔中取过土样或进行过标贯试验的孔段，由于土体已经受到不同程度的扰动，不宜进行旁压试验。

4. 试验

成孔后，应尽快进行试验。压力增量等级和相对稳定时间（观察时间）标准可根据现场情况及有关旁压试验规程选取，其中，压力增量建议选取预估临塑压力 P_f 的 1/5～1/7，如不易预估，根据《PY 型预钻式旁压试验规程》(JGJ 69—90)，压力增量可参考表5－3 确定。

表 5－3　压力增量建议值

土的特征	压力增量 (kPa)
淤泥、淤泥质土、流塑状态的黏性土、松散的粉细砂等	≤15
软塑状态的黏性土、松散的黄土、稍密的饱和粉土等	15～25
硬塑状态的黏性土、一般性质的黄土、密实的饱和粉土、中密的粗砂等	25～50
坚硬状态的黏性土、密实的粉土、密实的中粗砂	50～100

各级压力下的观测时间，可根据土的特征等具体情况，采用 1min 或 2min，按下列时间顺序测记测量管的水位下降值 S。

（1）观测时间为 1min 时：15s、30s、60s。

（2）观测时间为 2min 时：15s、30s、60s、120s。

接通记录仪电源开关。用钻杆（或连接杆）连接好旁压器，将旁压器小心地放置于试验位置。通过高压气瓶上的减压器调整好输出压力（减压器上的二级压力表示值），使其压力比预估的最高试验压力高 0.1～0.2MPa，对于 PM－2 型旁压器，则使其输出压力比预估的最大试验压力的 1/2 高 0.1～0.2MPa。然后，将阀 1 置于试验加压位置，阀 3 置于加压位置，此时，调压阀的手轮应在最松位置，按记录仪上的记录键，此时，显示应全部为零，随即将阀 4 置于试验位置。此时，旁压器内产生静水压力 P_0，该压力即为试验的第一级压力，其值由计算而得，不以记录仪上的压力为准。同时，记录仪亦开始显示和记录位移。

当记录仪上的数值闪烁不停时，表示所设定的观察时间已到，随即关闭阀 3，开始下一级的载荷试验。其步骤是：迅速小心地旋转调压阀进行加压，所加压力值由记录仪上的窗口显示，当其值增至试验所设计的加荷压力等级时，立即按记录键。此时即开始按所设定的相对稳定（观察）时间标准进入试验，记录仪则自动显示和记录该级压力下的水位下降值，即土体变形。重复此步骤至试验结束，按复位键结束该次试验的显示和记录。

当测管水位下降接近 40cm 或水位急剧下降无法稳定时，应立即终止试验，以防弹性膜胀破。可根据现场情况，采用下列方法之一终止试验：

（1）尚需进行试验时：当试验深度小于 2m，可迅速将调压阀按逆时针方向旋至最松位置，使所加压力为零。利用弹性膜的回弹，迫使旁压器内的水回至测管。当水位接近“0”位时，关闭阀 4，取出旁压器。当试验深度大于 2m 时，将阀 2 置于注水位置，此时，水箱盖必须是打开的，利用系统内的压力，使旁压器里的水回至水箱备用。当听到高压气冲入水箱的声音时，迅速旋松调压阀，使系统压力为零，同时关闭阀 2，取出旁压器。

（2）试验全部结束：将阀 2 置于排水位置，利用试验中当时系统内的压力将水排净后旋松调压阀。导压管快速接头取下后，应罩上保护套，严防泥沙等杂物带入仪器管道。若准备较长时间不使用仪器时，须将仪器内部所有水排尽，并擦净外表，放置在阴凉、干燥处。

另外，在试验过程中，如由于钻孔直径过大或被测岩土体的弹性区较大时，有可能发生水量不够的情况，即岩土体仍处在弹性区域内，而施加压力尚远离仪器最大压力值，且位移量已达到 320mm 以上，此时，如要继续试验，则应进行补水。补水方法是：将阀 4 关闭，按设置键一次，记下此时压力，旋松调压阀，阀 3 置于排气位置，向水箱补水，按注水步骤给系统（增压缸）补入适量的水后，关闭阀 2，阀 1 置于试验加压位置，阀 3 置于加压位置，松开水箱安全盖，旋转调压阀使系统压力达到补水前的压力，按设置键一次，将阀 4 置于试验位置后，即可继续加压试验，此时，位移自动累计显示和记录。

5.3.6 成果整理

1. 试验资料整理

在试验资料整理时，应分别对各级压力和相应的扩张体积（或径向增量）进行约束力和体积校正。

按下式进行约束力校正

$$P=P_m+P_w-P_i \tag{5-23}$$

$$P_w=\gamma_w\ (H+Z)$$

式中　P——校正后的压力，kPa；

P_m——显示仪测记的该级压力的最后值，kPa；

P_w——静水压力，kPa；

H——测管原始"0"位水面至试验孔口高度，m；

Z——旁压试验深度，m；

γ_w——水的重力密度，kN/m^3，一般可取 10kN/m^3；

P_i——弹性膜约束力，kPa，由各级总压力（P_m+P_w）所对应的测管水位下降值由弹性膜约束力校正曲线查得。

2. 按式（5-24）或式（5-25）进行体积（测管水位下降值）的校正

$$V=V_m-\alpha\ (P_m+P_w) \tag{5-24}$$

$$S=S_m-\alpha\ (P_m+P_w) \tag{5-25}$$

式中　V、S——分别为校正后体积和测管水位下降值；

V_m、S_m——P_m+P_w 所对应的体积和测管水位下降值；

α——仪器综合变形系数（由综合校正曲线查得）。

3. 绘制旁压曲线

用校正后的压力 P 和校正后的测管水位下降值 S，绘制 P—S 曲线，即旁压曲线。曲线的作图可按下列步骤进行：

（1）定坐标：选用厘米格记录纸，以 S（cm）为纵坐标，1cm 代表 5cm 水位下降值；以 P 为横坐标，比例可以自行选定。

（2）根据校正后各级压力 P 和对应的测管水位下降值 S，分别将其确定在选定的坐标上，然后先连直线段并两端延长，与纵轴相交的截距即为 S_0；再用曲线板连曲线部分，定出曲线与直线段的切点，此点为直线段的终点。

4. 试验成果分析

旁压试验可以用于确定土的临塑压力 P_f，以评定地基的承载力；确定静止土压力系数 K_0；确定土的旁压模量 E。和旁压剪切模量 G_0，用以估算土的压缩模量 E_s 和剪切模量；估算软黏土不排水抗剪强度以及估算地基土强度、单桩承载力和基础沉降量等。

5. 试验成果应用

（1）确定承载力标准值 f_k

$$f_k=P_f-P_0 \tag{5-26}$$

式中　P_0——原位侧向压力，kPa。

P_0 可根据地区经验，通过下式采用计算法确定，也可采用作图法确定。

$$P_0=K_0\gamma Z+u \tag{5-27}$$

式中　K_0——试验深度处静止土压力系数，其值按地区经验确定，对于正常固结和轻度超固结的土体，可按以下原则取值：砂土和粉土取 0.5，可塑—坚硬状态黏性土取 0.6，软塑黏性土、淤泥和淤泥质土取 0.7；

γ——试验深度以上的重力密度，为土自然状态下的质量密度 ρ 与重力加速度 g

的乘积，$\gamma=\rho g$ 地下水位以下取有效重力密度，kN/m^3；

u——试验深度处的孔隙水压力，kPa。

正常情况下，u 极接近地下水位算得的静水压力，即在地下水位以上时，$u=0$，在地下水位以下时，可由下式确定

$$u=\gamma_w\ (Z-h_w) \tag{5-28}$$

式中　h_w——地下水位的深度，m。

（2）按下式计算地基土的旁压模量 E_m（MPa）

$$E_m=2\ (1+\mu)\ \left(S_c+\frac{S_0+S_f}{2}\right)\left(\frac{P_f}{S_0-S_f}\right) \tag{5-29}$$

式中　μ——土的泊松比，可按地区经验确定，对于正常固结和轻度超固结的土类，可按以下原则取值：砂石和粉土取 0.33，可塑性-坚硬状态的黏性土取 0.38，软塑黏性土、淤泥、和淤泥质土取 0.41；

P_f——临塑压力；

S_c——旁压器中固有体积，用测管水位下降值表示，其值见仪器技术参数表。

（3）地基土的压缩模量 E_s、变形模量 E_0 以及其他土力学指标可由地区经验公式确定例如，铁路工程地基土旁压测试技术规程编制组通过与平板载荷试验对比，得出如下估算地基土变形模量的经验关系式：

对黄土
$$E_0=3.723+0.00532G_m \tag{5-30}$$

对一般黏性土
$$E_0=1.836+0.00286G_m \tag{5-31}$$

对硬黏土
$$E_0=1.026+0.00480G_m \tag{5-32}$$

另外，通过与室内试验成果对比，建立起了估算地基土压缩模量的经验关系式：

对黄土，当深度不大于和大于 3.0m 时，分别采用式（5-33）和式（5-34）估；压缩模量 E_s

$$E_s=1.797+0.00173G_m \tag{5-33}$$

$$E_0=1.485+0.00143G_m \tag{5-34}$$

对黏性土，则采用

$$E_0=2.092+0.00252G_m \tag{5-35}$$

上列各式中　G_m——旁压剪切模量。

（4）估算土的侧向基床系数 K_m。根据旁压试验确定的初始压力 P_0 和临塑压力 P_f，采用下式估算地基土的侧向基床系数 K_m：

$$K_m=\frac{\Delta P}{\Delta R} \tag{5-36}$$

$$\Delta P=P_f-P_0;$$

$$\Delta R=R_f-R_0$$

式中　ΔP——临塑压力与初始压力之差；

R_f、R_0——对应于临塑压力与初始压力的旁压器径向位移。

5.3.7　注意事项

（1）土本试验技术较复杂，要求试验人员掌握的技术知识也相对较多。所以从事土动

力学试验工作的人员应接受专门的技术培训。

（2）要注意试验过程中的安全。

思　考　题

（1）旁压试验结果可分为哪几个阶段？

（2）终止旁压试验的标准是什么？

（3）旁压试验预钻成孔有哪些要求？

试验6　土的抗剪强度试验

土的抗剪强度是极限的概念，是土的一种内在特性。抗剪强度指标 c、φ 值，是《土力学》课程的学习中重要力学性质指标，正确地测定和选择土的抗剪强度指标是土力学学习计算中需要掌握的重要的问题。

土体得抗剪强度指标是土工试验确定的。室内试验常用的方法有直接剪切试验、三轴压缩试验、无侧限抗压强度试验。现场测试的方法有十字板剪切试验（原位试验）等。

6.1　土的直接剪切试验

6.1.1　试验目的

（1）掌握土的直接剪切试验原理和具体试验方法。

（2）了解试验的仪器设备，熟悉试验的操作步骤，掌握直接剪切试验成果的数据处理方法。

（3）根据土的剪切曲线计算土的黏聚力和内摩擦角。

6.1.2　试验仪器

（1）应变控制式直剪仪（图6－1和图6－2）。直剪试验所使用的仪器为直剪仪，直剪仪可根据加荷方式的不同分为应变控制式和应力控制式两种，前者是以等速水平推动试样产生位移并测定相应的剪应力；后者则是通过杠杆对土样施加法向荷载，利用传动系统等速推动下盒，使土样沿上下盒分界面等速相对错动而受剪，剪应力大小由量力环的变形求得。目前常用的是应变控制式直剪仪。应变控制式直剪仪由加力架，推力座，剪切盒，量力环，位移量测系统组成。

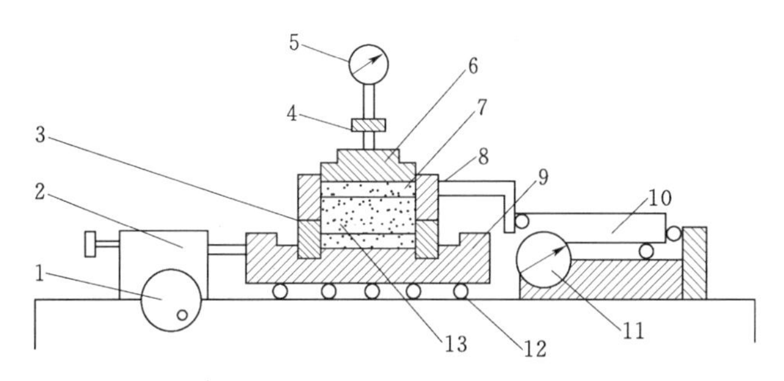

图6－1　应变控制式直剪仪构造

1—剪切传动机构；2—推动器；3—下盒；4—垂直加压框架；5—垂直位移计；6—传压板；7—透水板；8—上盒；9—储水盒；10—测力计；11—水平位移计；12—滚珠；13—试样

图 6-2　应变控制式直剪仪

(2) 环刀：土样面积 $30cm^2$，高度 20mm。

(3) 天平（量程 200g，精确 0.01g）。

(4) 圆木块、毛刷、牛角勺等。

6.1.3　基本概念

直剪试验中采用性质相同的圆柱状试样 4 个，在竖直方向加法向力 P，在预定剪切面上、下加一对剪力 T 使试样剪切。试验时，剪力 T 自零开始增加，剪切位移 δ 也自零增加。剪破时，剪力 T 达到最大值 T_{dv}，对应剪破面上剪应力达到抗剪强度，即

$$\sigma=P/A;\ \tau_f=T_{\max}/A \tag{6-1}$$

式中　σ——三剪破面上的法向应力，MPa；

P——法向力，kN；

τ_f——剪破面上抗剪强度，MPa；

$T_{\max}$——试样受最大剪力，kN；

A——剪破面面积，cm^2。

当采用 4 个试样，用不同的法向应力 σ_i 作用于竖直方向，剪切时得到不同抗剪强度 τ_{fi}。将 4 组（σ_i，τ_{fi}），在图 6-3 的坐标系中，以法向应力为横坐标与相应的抗剪强度为纵坐标连线得出抗剪强度线，强度线在纵坐标上的截距为黏聚力 c，与水平线的夹角为内摩擦角 φ。

直接剪切试验的优点在于设备简单、试样制备、安装方便、易于操作。同时存在如下缺点：①试验中试样排水程度是靠试验速度的“快”、“慢”来控制；②试验中不能进行孔隙水应力测量；③试验中剪切过程中试样有效面积逐渐减小、主应力方向变化、剪破面上剪应力分布不均；④最后预定剪破面未必是试样的最弱面等。

直剪试验强度曲线见图 6-3；剪应力与剪位移的关系见图 6-4。

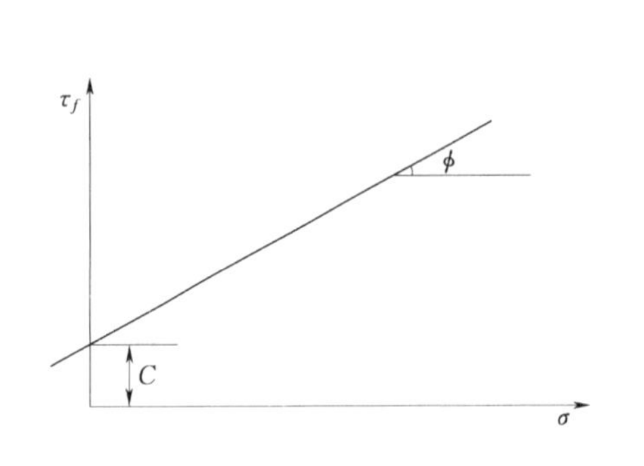

图 6-3　直剪试验强度曲线

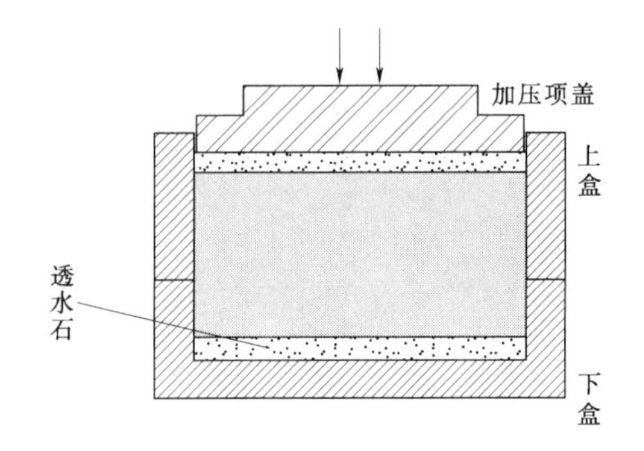

图 6-4　剪应力与剪位移的关系

6.1.4　试验方法

直剪试验按法向力 P 和剪力 T 施加速度或作用时间长短分成下述三种：

慢剪（S）：用来模拟黏土地基和土坝在自重下已经压缩稳定后，受缓慢荷载被剪破的情况或砂土受静荷载被剪破的情况；试样在法向力 P 作用下固结完成后，慢速施加水平剪力 T，使试样剪切至破坏。要求试样在剪切过程中不产生孔隙水压力。

固结快剪（Cq）：主要用来测定土的有效应力强度指标和推求原位不排水剪强度。法向力 P 作用于试样上后，让试样固结排水，产生竖向压缩变形，待固结稳定后，再快速施加水平剪力使试样剪破。要求试样在剪切过程中来不及排水。

快剪（q）：用来模拟透水性弱的黏土地基受到建筑物的快速荷载或土坝在快速施工中被剪破的情况；法向力 P 刚加好，就快速加剪力 T 剪破试样。

6.1.5 试验步骤

1. 快剪试验步骤（由于课堂教学的实际需要，课堂采用快剪试验）

试验前先根据工程需要，从原状土或制备状态的扰动土中用环刀取 4 个试样。如系原状土样，切取试样方向应与土在天然地层中的上下方向一致；

（1）对准剪切容器上下盒，插入固定销，在下盒内放透水板和硬塑料薄膜（代替滤纸），将带有试样的环刀刃口向上，对准剪切盒口，在试样上放滤纸和透水板，透水板的湿度应接近试样的湿度，轻轻将试样推入剪切盒内。

（2）小心移动传动装置，使上盒前端钢珠刚好与测力计接触，按顺序放上传压板，加压框架，安装垂直位移和水平位移量测装置，位移量测装置调零，或记录初始的位移。

（3）试验中应模仿工程实际和土的软硬程度从小到大依次施加垂直压力，对松软试样垂直压力应分级施加，以防土样挤出。施加压力后，向盒内注水，如试样使非饱和试样时，应用湿棉纱包裹加压板周围。在试样上施加垂直荷载。按第一个试样上应加的垂直压力（100kPa）计算出应加荷载，扣除加压设备本身质量，即得应加砝码数。第二、三、四个试样分别施加 200kPa、300kPa、400kPa 垂直压力后按同步骤进行试验。（试样面积及加压设备质量可查试验时的资料表）。

（4）首先给试件施加垂直压力。

（5）拔去固定销，以小于 0.08mm/min 的剪切速度进行剪切，试样每产生剪切位移 0.2～0.4mm；记录测力计和位移读数，直至测力计读数出现峰值，应继续剪切至剪切位移为 4mm 时停机，记下破坏值；当剪切过程中测力计读数无峰值时，应剪切至剪切位移为 6mm 时停机反转手轮，卸除垂直荷载和加压设备，取出已剪损的试样，刷净剪切盒，装入第二个试样。（使试样在 3～5min 内剪损开始剪切之前，切记必须先拔去插销。否则，量力环被压断，仪器即损坏）。

（6）剪应力应按下式计算

$$\tau = CR/A_0 \tag{6-2}$$

式中 τ——试样所受的剪应力，kPa；

R——测力计量表读数，0.01mm；

C——量力环校正系数，kPa/0.01mm，由试验室提供。

（7）以剪应力为纵坐标，剪切位移为横坐标，绘制剪应力与剪切位移关系曲线（图 6-5），取曲线上剪应力的峰值为抗剪强度，无峰值时，取剪切位移 4mm 所对应的剪应力为抗剪强度。

（8）以抗剪强度为纵坐标，垂直压力为横坐标，将4个实测点绘在图上，画一视测的平均直线，若各点不在一条近似的直线上，可按相邻的三点连成两个三角形，分别求出两个三角形的重心，然后将两重心连成一直线，即为抗剪强度曲线（图6-6），直线的倾角为内摩擦角，直线在纵坐标上的截距为黏聚力。

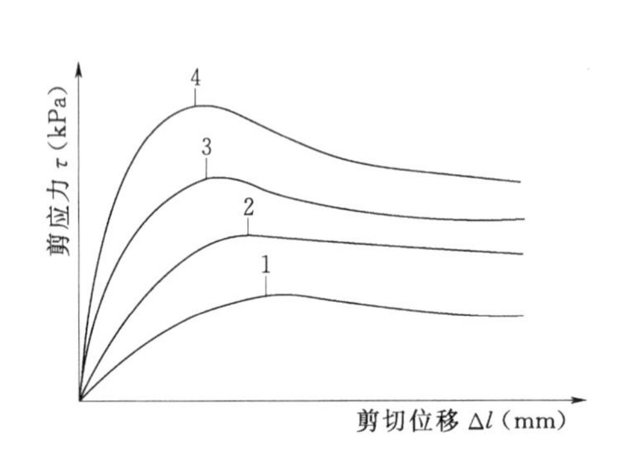

图6-5　剪应力与剪切位移关系曲线

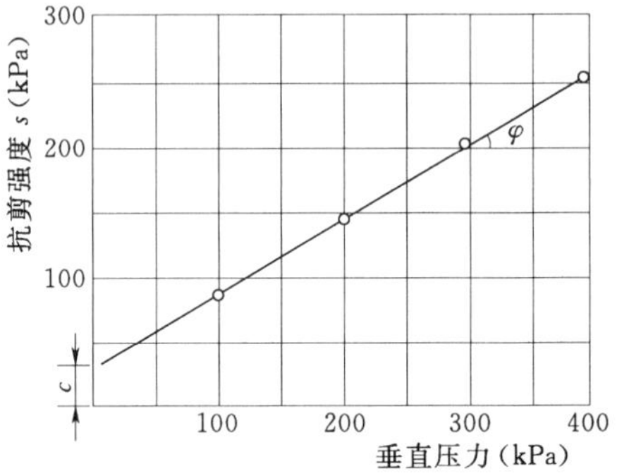

图6-6　抗剪强度与垂直压力关系曲线

2. 固结快剪试验步骤

（1）试样制备、安装和固结，应按快剪试验步骤进行。

（2）固结快剪试验的剪切速度为0.8mm/min，使试样在3～5min内剪损，其剪切步骤应按快剪步骤进行。

（3）固结快剪试验的计算应按快剪中的规定进行。

（4）固结快剪试验的绘图应按快剪中的规定进行。

3. 慢剪试验步骤

（1）试样制备、安装应按快剪的步骤进行；安装时应使用滤纸，不需安装垂直位移量测装置。

（2）施加垂直压力，每1h测读垂直变形一次。当变形稳定为每小时不大于0.005mm，可以认为试样固结变形稳定。拔去固定销，以小于0.02mm/min的剪切速度进行剪切，试样每产生剪切位移0.2～0.4mm；记录测力计和位移读数，直至测力计读数出现峰值，应继续剪切至剪切位移为4mm时停机，记下破坏值；当剪切过程中测力计读数无峰值时，应剪切至剪切位移为6mm时停机。

（3）固结快剪试验的计算应按快剪中的规定进行。

（4）固结快剪试验的绘图应按快剪中的规定进行。

6.1.6　成果整理

（1）按下式计算剪应力：

$$\tau = C_1 R \tag{6-3}$$

式中　τ——剪应力，kPa；

R——量力环中测微表读数，0.01mm；

C_1——量力环校正系数，kPa/0.01mm。

(2) 按下式计算剪切位移：

$$L=20n-R \tag{6-4}$$

式中 L——剪切位移，0.01mm；

n——手轮转数；

R——量力环中测微表读数，0.01mm。

(3) 以剪应力 τ 为纵坐标，剪切位移 L 为横坐标，绘制剪应力 τ 与剪切位移 L 关系曲线（$\tau-L$ 关系曲线，见图 6-7）；以剪应力 τ 为纵坐标，垂直压应力 P 为横坐标（注意纵、横坐标比例尺应一致），绘制剪应力 τ 与垂直压应力 P 的关系曲线（$\tau-P$ 关系曲线，见图6-8），该直线的倾角即为土的内摩擦角 φ°，该直线在纵坐标上的截距即为土的黏聚力 c（kPa）。

直接剪切试验记录见表 6-1。

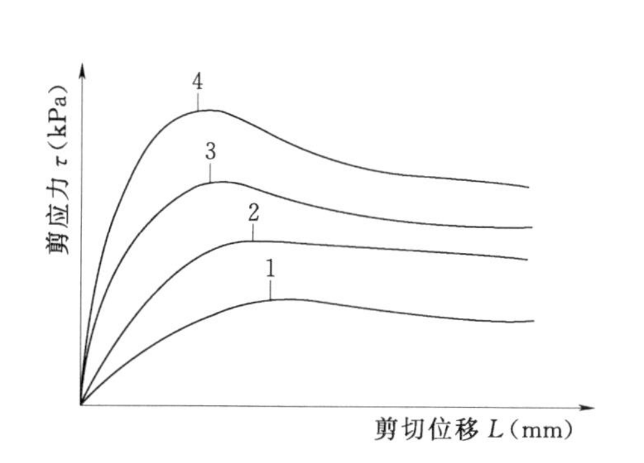

图 6-7 剪应力与剪切位移关系曲线

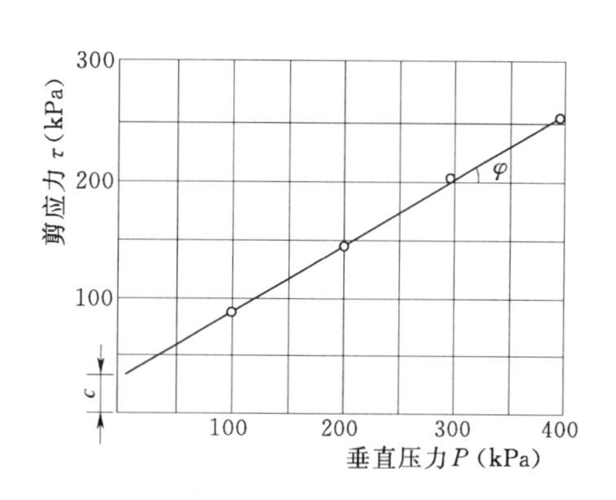

图 6-8 剪应力与垂直压力关系曲线

表 6-1 **直接剪切试验记录表**

工程编号______ 试样编号______ 试验日期______

试 验 者______ 计 算 者______ 校 核 者______

单位：kPa

量表读数 / 垂直压力 / 手轮转数	100	200	300	400	量表读数 / 垂直压力 / 手轮转数	100	200	300	400
抗剪强度									
剪切历时									
固结时间									
剪切前压缩量									

6.1.7　注意事项

（1）先安装试样，再装量表。安装试样时要用透水石把土样从环刀推进剪切盒里，试验前量表中的大指针调至零。

（2）开始剪切时，切记拔掉销钉，否则试样报废，而且会损坏仪器，若销钉弹出，还有伤人的危险。

（3）加荷时应轻拿轻放，避免冲击、振动。

（4）摇动手轮时应尽量做到匀速连续转动，切不可中途停顿。

思　考　题

（1）直接剪切试验的优缺点有哪些？

（2）直接剪切试验的试验仪器有哪几种？

6.2　土的三轴压缩试验

6.2.1　试验目的

（1）了解三轴剪切试验的基本原理。

（2）掌握三轴剪切试验的基本操作方法。

（3）了解三轴剪切试验不同排水条件的操作方法和孔隙压力的测量原理。

（4）进一步巩固抗剪强度的基本理论。

（5）试验测定土的抗剪强度参数。

6.2.2　试验仪器

1. 静力三轴剪力仪

静力三轴剪力仪分为应力控制式和应变控制式两种。

应变控制式三轴剪力仪有以下几个组成部分（图6－9）。

2. 附属设备

（1）击实器和饱和器。

（2）切土器、原状土分样器、切土刀、钢丝锯。

（3）砂样制备模筒和承模筒。

（4）托盘天平和游标卡尺。

（5）其他如乳膜薄、橡皮筋、透水石、滤纸、切土刀、钢丝锯、毛玻璃板、空气压缩机、真空抽气机、真空饱和抽水缸、称量盒和分析天平等。

6.2.3　基本概念

本试验所用的仪器为静力三轴仪，该仪器设备具备多种功能。常用于测定土的抗剪强度参数 φ 和 c，如果试验方法恰当，一般能取得较为符合实际的结果。

三轴压缩试验（亦称三轴剪切试验）的试样为圆柱形，将其置于压力室，用橡皮膜密封，一般先向土样施加周围压力，逐渐增大轴向压力，直至试样破坏的一种抗剪强度试验，是以摩尔—库仑强度理论为依据而设计的三轴向加压的剪力试验。三轴压缩试验是测

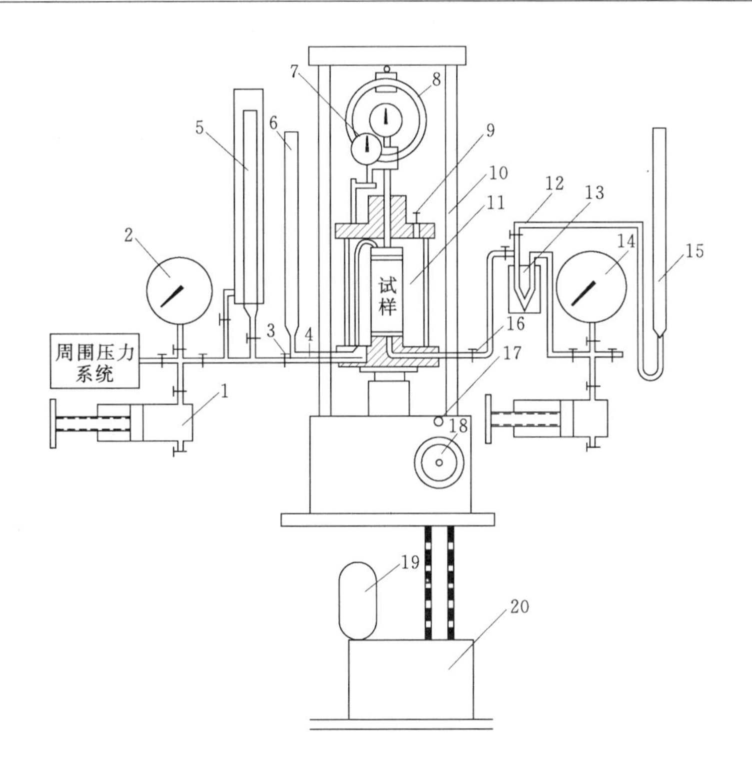

图 6-9 应变控制式三轴剪切仪

1—调压桶；2—周围压力表；3—周围压力阀；4—排水阀；5—体变管；6—排水管；7—变形量表；8—测力环；9—排气孔；10—轴向加压设备；11—压力室；12—量管阀；13—零位指标器；14—孔隙压力表；15—量管；16—孔隙压力阀；17—离合器；18—手轮；19—马达；20—变速箱

定土体抗剪强度的一种比较完善的室内试验方法，通常采用 3～4 个试样，分别在不同的周围压力下测得土的抗剪强度，再利用摩尔—库仑破坏准则确定土的抗剪强度参数。三轴压缩试验可以严格控制排水条件，可以测量土体内的孔隙水压力。

三轴剪切试验可分为不固结不排水试验（UU）、固结不排水试验（CU）以及固结排水剪试验（CD）。

（1）不固结不排水试验：试件在周围压力和轴向压力下直至破坏的全过程中均不允许排水，土样从开始加载至试样剪坏，土中的含水率始终保持不变，可测得总抗剪强度指标 c_U 和 φ_U。

（2）固结不排水试验：试样先在周围压力下让土体排水固结，待固结稳定后，再在不排水条件下施加轴向压力直至破坏，可同时测定总抗剪强度指标 c_{CU} 和 φ_{CU} 或有效抗剪强度指标 c' 和 φ' 及孔隙水压力系数。

（3）固结排水剪试验：试样先在周围压力下排水固结，然后允许在充分排水的条件下增加轴向压力直至破坏，可测得总抗剪强度指标 c_d 和 φ_d。

6.2.4 试验方法

根据排水条件不同，三轴剪切试验分为不固结不排水试验（UU）、固结不排水剪切（CU）和固结排水试验（CD）。

6.2.5　试验步骤

1. 检查仪器性能

检查包括周围压力和反压力控制系统的压力源；空气压缩机的稳定控制器（又称压力控制器）；调压阀的灵敏度及稳定性；监视压力精密压力表的精度和误差；稳压系统有否漏气现象；管路系统的周围压力、孔隙水压力、反压力和体积变化装置以及试样上下端通道节头处是否存在漏气或阻塞现象；孔压及体变的管道系统内是否存在封闭气泡，若有封闭气泡可用无气水进行循环排水；土样两端放置的透水石是否畅通和浸水饱和；乳胶薄膜套是否有漏气的小孔；轴向传压活塞是否存在摩擦阻力等。

2. 试样制备和饱和

（1）根据所要求的干容重，称取制备好的重塑土。将3片击实筒按号码对好，套上箍圈，涂抹凡士林。粉质土分3～5层，黏质土分5～8层，分层装入击实筒击实（控制一定密度），每层用夯实桶击实一定次数，达到要求高度后，用切土刀刨毛以利于两层面之间结合（各层重复）。击实最后一层后，加套模，将试样两端整平，拆去箍圈，分片推出击实筒，并要注意不要损坏试样，各试样的容重差值不大于0.3N/cm^3。

对于砂土，应先在压力室底座上依次放上透水石、滤纸、乳胶薄膜和对开圆模筒，然后根据一定的密度要求，分三层装入圆模筒内击实。如果制备饱和砂样，可在圆模筒内通入纯水至1/3高，将预先煮沸的砂料填入，重复此步骤，使砂样达到预定高度，放在滤纸、透水石、顶帽，扎紧乳胶膜。为使试样能站立，应对试样内部施加0.05kg/cm^2（5kPa）的负压力或用量水管降低50cm水头即可，然后拆除对开圆模筒。

（2）原状试样。将原状土制备成略大于试样直径和高度的毛坯，置于切土器内用钢丝锯或切土刀边削边旋转，直到满足试件的直径为止，然后按要求的高度切除两端多余土样。

（3）试样饱和。

1）真空抽气饱和法。将制备好的土样装入饱和器内置于真空饱和缸，为提高真空度可在盖缝中涂上一层凡士林以防漏气。将真空抽气机与真空饱和缸接通，开动抽气机，当真空压力达到一个大气压力，微微开启管夹，使清水徐徐注入真空饱和缸的试样中，待水面超过土样饱和器后，使真空表压力保持一个大气压力不变，即可停止抽气。然后静置一段时间，粉性土大约10小时左右，使试样充分吸水饱和。另一种所抽气饱和办法，是将试样装入饮和器后，先浸没在带有清水注入的真空饱和缸内，连续真空抽气2～4小时（黏土），然后停止抽气，静置小时左右即可。

2）水头饱和法。将试样装入压力室内，施加0.2kg/cm^2（20kPa）周围压力，使无气泡的水从试样底座进入，待上部溢出，水头高差一般在1m左右，直至流入水量和溢出水量相等为止。

3）反压力饱和法。试件在不固结不排水条件下，使土样顶部施加反压力，但试样周围应施加侧压力，反压力应低于侧压力的0.05kg/cm^2（5kPa），当试样底部孔隙压力达到稳定后关闭反压力阀，再施加侧压力，当增加的侧压力与增加的孔隙压力其比值$\Delta u/\Delta\sigma_3$ >0.95时被认为是饱和，否则再增加反压力和侧压力使土体内气泡继续缩小，然后再重

复上述测定 $\Delta u/\Delta\sigma_3$ 是否大于 0.95，即相当于饱和度为大于 95%。

3. 操作步骤

不固结不排水试验法试验（根据课堂需要，采用不固结不排水试验，其他形式学生可根据教材自学）。

（1）将制备成大于试样直径和高度的毛坯，放在切土器内用钢丝锯和修土刀，制备成所要求规格的试样，最后量其直径、高度、称其重量，并选择代表性的土样测定含水量。

（2）安装试样前，事先应全面检查三轴仪的各部分是否完好。

1）打开试样底座的开关（孔隙水压力阀和量管阀），使量管里的水缓缓地流向底座，并依次放上透水石和滤纸，待气泡排除后，再放上试样，试样周围贴上滤纸条，关闭底座开关。

2）把已检查过的橡皮薄膜套在承膜筒上，两端翻起，用吸球从气嘴中不断吸气，使橡皮膜紧贴于筒壁，小心将它套在土样外面，然后让气嘴放气，使橡皮膜紧贴试样周围，翻起橡皮两端，用橡皮紧圈将橡皮膜下端扎紧在底座上。

3）打开试样底座开关，让量管中水（有时采取高量管所产生的水头差）从底座流入试样与橡皮膜之间，排除试样周围的气泡，关闭开关。

4）打开与试样帽连通的排水阀，让量水管中的水流入试样帽，并连同透水石，滤纸放在试样的上端，排尽试样上端及量管系统的气泡后关闭开关，用橡皮圈将橡皮膜上端与试样帽扎紧。

5）装上压力筒拧紧密封螺帽，并使传压活塞与土样帽接触。

（3）试样排水固结按下列步骤进行：

1）打开排气孔，打开进水阀，往压力室注水；当快注满时，降低进水速度，直至水从排气孔溢出，然后关进水阀和排气孔。

2）关周围压力阀，用调压阀调整到所需的周围压力，观察压力表读数，本试验按 100kPa、200kPa、300kPa、400kPa 施加。

（4）试样剪切按下列步骤进行：

1）剪切速率：黏土宜为 0.05%～0.1%/min，粉质土或轻亚黏土为 0.1%～0.5%/min。

2）将轴向变形的百分表、轴向压力测力环的百分表及孔隙水压力计读数均调速至零点。

3）启动电动机，合上离合器，开始剪切。试样每产生 0.3%～0.4%的轴向应变（或 0.2mm 变形值），测读一次测力计读数和轴向变形值。当轴向应变大于 3%时，试样每产生 0.7%～0.8%的轴向应变（或 0.5mm 变形值），测读一次。当测力计读数出现峰值时，继续剪切至轴向应变再增加 3%～5%，若读书无明显减少，剪切应继续进行到轴向应变量为 15%～20%，记下最大读数，以 0.01mm 计。

4）试验结束，关电动机，用调压阀将围压退回到零，关闭周围压力阀，脱开离合器，转动手轮，降低试样底座，然后打开排气孔和排水阀，排除压力室的水，拆卸压力室罩，排出试样周围多余的水分，脱去橡皮膜，取出试件，描绘试样破坏时形状并称其质量，并测定土样含水率。

5）按以上步骤，重复对其他几个试样进行试验。

固结不排水试验：试样在施加周围压力和随后施加竖向压力直至剪切破坏的整个过程中都不允许排水，试验自始至终关闭排水阀门。试样在施加周围压力 σ_3 时允许排水固结，待固结稳定后，其他步骤如不固结不排水试验。

固结排水剪试验：试样在施加周围压力 σ_3 时允许排水固结，待固结稳定后，再在排水条件下施加竖向压力至试件剪切破坏。其他步骤如不固结不排水试验。

6.2.6　成果整理

（1）按下式计算孔隙水压力系数：

$$B=\frac{\Delta u_i}{\Delta\sigma_3} \text{或} B=\frac{u_i}{\sigma_{3i}} \tag{6-5}$$

$$A=\frac{\Delta u_d}{B(\Delta\sigma_1-\sigma_3)} \text{或} A=\frac{u_f-u_i}{B(\Delta\sigma_{1f}-\sigma_3)} \tag{6-6}$$

式中　B——各向等压作用下的孔隙水压力系数；

Δu_i——试样在周围压力增量下所出现孔隙水压力增量，kPa；

$\Delta\sigma_3$——周围压力的增量，kPa；

u_i——在周围压力下所产生的孔隙水压力，kPa；

σ_{3i}——周围压力，kPa；

A——偏压应力作用下的孔隙水压力系数；

$\Delta\sigma_1$——大主应力增量，kPa；

u_f——剪损时的孔隙水压力，kPa；

$\Delta\sigma_{1f}$——剪损时的大主应力增量，kPa；

Δu_d——试样在主应力差下所产生的孔隙水压力增量，kPa。

（2）按下式修正试样固结后的高度和面积：

$$h_0'=h_0(1-\varepsilon_0)=h_0\left(1-\frac{\Delta v}{v_0}\right)^{1/3}\approx h_0\left(1-\frac{\Delta v}{3v_0}\right) \tag{6-7}$$

$$A_0'=\frac{\pi}{4}d_0^2(1-\varepsilon_0)^2=\frac{\pi}{4}d_0^2\left(1-\frac{\Delta v}{v_0}\right)^{2/3}\approx A_0\left(1-\frac{2\Delta v}{3v_0}\right) \tag{6-8}$$

式中　v_0、h_0、d_0——固结前的体积、高度和直径；

Δv、Δh、Δd——固结后体积、高度和直径的改变量；

A_0'、h_0'——固结后平均断面积和高度。

（3）按下式计算剪切过程中的平均断面积和应变值：

$$A_a=\frac{A_0'}{1-\varepsilon_0'} \tag{6-9}$$

$$\varepsilon_0'=\frac{\sum\Delta h}{h_0'} \tag{6-10}$$

式中　A_a——剪切过程中平均断面积，cm^2；

ε_0'——剪切过程中轴向应变，%；

$\sum\Delta h$——剪切时轴向变形，mm。

（4）按下式计算主应力差：

$$(\sigma_1-\sigma_3)=\frac{CR}{A_a}=\frac{CR}{A'_0}(1-\varepsilon'_0) \tag{6-11}$$

式中 C——测力环校正系数，N/0.01mm；

R——测力环百分表读数差，0.01mm。

（5）按下式计算破坏时有效主应力：

$$\bar{\sigma}_{3f}=\sigma_3-u_f \tag{6-12}$$

$$\bar{\sigma}_{1f}=\sigma_{1f}-u_f=(\sigma_1-\sigma_3)_f+\bar{\sigma}_3 \tag{6-13}$$

式中 $\bar{\sigma}_{1f}$、$\bar{\sigma}_{3f}$——破坏时有效主应力和有效小主应力，kPa；

σ_1、σ_3——大主应力和小主应力，kPa；

u_f——破坏时孔隙水压力，kPa。

（6）主应力差（$\sigma_1-\sigma_3$）与轴向应变 ε_1 关系曲线（图 6-10）：以主应力差为纵坐标，轴向应变 ε_1 为横坐标，绘制关系曲线，取曲线上主应力差的峰值作为破坏点，无峰值时，取 15%轴向应变时的主应力差值作为破坏点。

（7）有效应力比$\frac{\sigma'_1}{\sigma'_3}$与轴向应变 ε_1 关系曲线（图 6-11）：以有效应力比$\frac{\sigma'_1}{\sigma'_3}$为纵坐标，轴向应变 ε_1 为横坐标，绘制关系曲线。

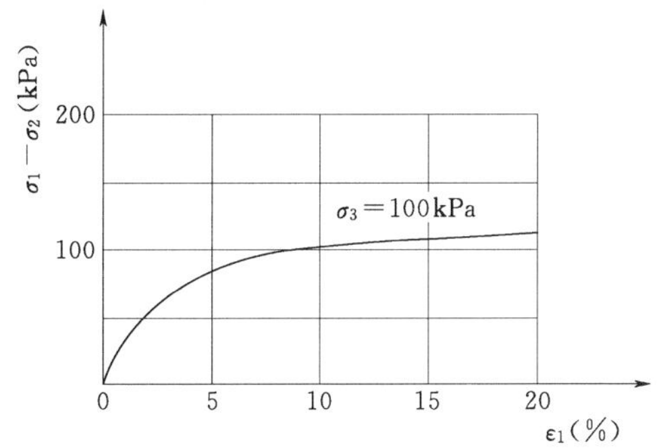

图 6-10 主应力差与轴向应变关系曲线

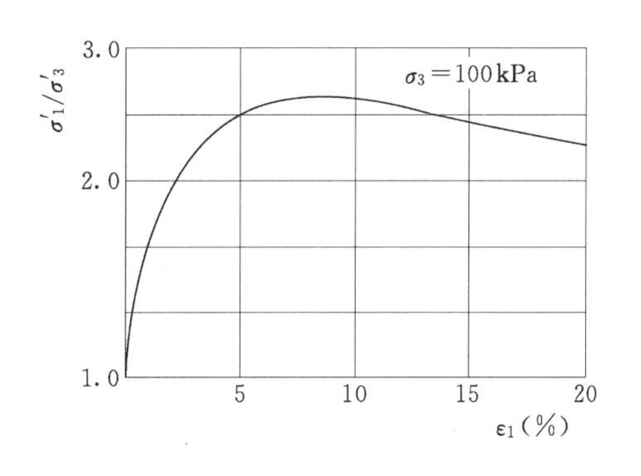

图 6-11 有效应力比与轴向应变关系曲线

（8）孔隙水压力 u 与轴向应变 ε_1 关系曲线（图 6-12）：以孔隙水压力 u 为纵坐标，轴向应变 ε_1 为横坐标，绘制关系曲线。

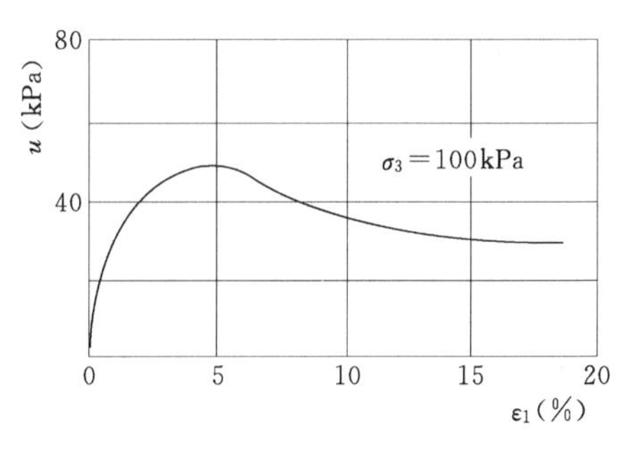

图 6-12 孔隙压力与轴向应变关系曲线

（9）固结不排水剪强度包线（图 6-13）：以剪应力 τ 为纵坐标，法向应力 σ 为横坐标，在横坐标轴以破坏时的$\frac{\sigma_{1f}+\sigma_{3f}}{2}$为圆心，以$\frac{\sigma_{1f}-\sigma_{3f}}{2}$为半径，绘制破坏总应力圆，并绘制不同周围压力下破坏应力圆的包线，包线的倾角为内摩擦角 φ_{cu}，包线在纵轴上的截距为黏聚力 c_{cu}。对于有效内摩擦角 φ'和有效黏聚力 c'，应以$\frac{\sigma'_{1f}+\sigma'_{3f}}{2}$为圆心，以$\frac{\sigma'_{1f}-\sigma'_{3f}}{2}$为半径绘制有效破坏应力圆确定。

（10）有效应力路径曲线（图6－14）：若各应力圆无规律，难以绘制各应力圆强度包线，可按应力路径取值，即以$\frac{\sigma'_{1f}-\sigma'_{3f}}{2}$为纵坐标，以$\frac{\sigma'_{1f}+\sigma'_{3f}}{2}$为横坐标，绘制有效应力路径曲线并按下式计算有效内摩擦角φ'和有效黏聚力c'。

有效内摩擦角φ'：

$$\varphi'=\arcsin(\tan\alpha) \tag{6-14}$$

有效黏聚力c'：

$$c'=\frac{d}{\cos\varphi'} \tag{6-15}$$

式中　α——应力路径图上破坏点连线的倾角，(°)；

d——应力路径图上破坏点连线在纵轴上的截距，kPa。

土三轴压缩试验记录见表6－2。

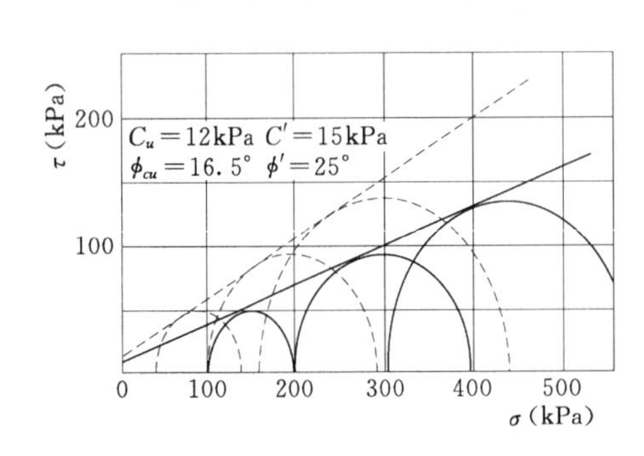

图6－13　固结不排水剪强度包线

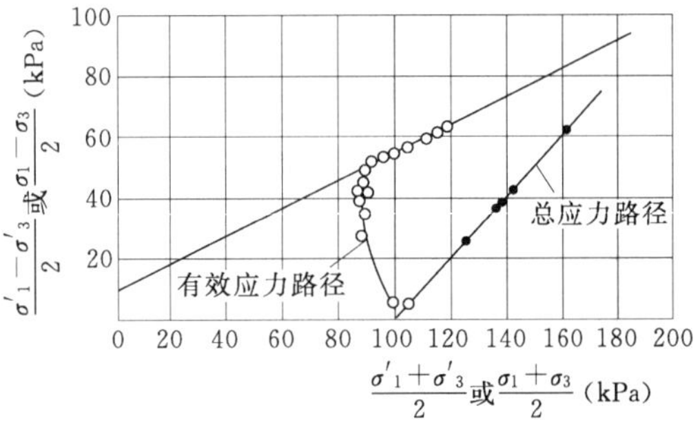

图6－14　应力路径曲线

表6－2　　**土三轴压缩试验记录表（不固结不排水剪）**

工程编号＿＿＿＿　　试样编号＿＿＿＿　　试验日期＿＿＿＿

试 验 者＿＿＿＿　　计 算 者＿＿＿＿　　校 核 者＿＿＿＿

1. 含水率

	试验前		试验后	
盒号				
湿土质量（g）				
干土质量（g）				
含水率（%）				
平均含水率（%）				

2. 密度

	试验前	试验后
试样高度（cm）		
试样体积（cm^3）		
试样质量（g）		
密度（g/cm^3）		
试样破坏描述		

3. 反压力饱和

周围压力（kPa）	反压力（kPa）	孔隙水压力（kPa）	孔隙压力增量（kPa）

4. 固结排水

周围压力________kPa　反压力________kPa　孔隙水压力________kPa

经过时间（h，min，s）	孔隙水压力（kPa）	量管读数（mL）	排出水量（mL）

5. 不排水剪切

测力环系数________N/0.01mm　剪切速率________mm/min　周围压力________kPa

反压力________kPa　孔隙水压力____________kPa　温　度________℃

轴向变形（0.01mm）	轴向应变 ε（%）	校正面积 $\frac{A_c}{1-\varepsilon}$（cm²）	钢环读数（0.01mm）	$(\sigma_1-\sigma_3)$（kPa）	孔隙压力（kPa）	σ_1'（kPa）	σ_3'（kPa）	σ_1'/σ_3'	$\frac{\sigma_1'-\sigma_2'}{2}$（kPa）	$\frac{\sigma_1'+\sigma_2'}{2}$（kPa）

6.2.7 注意事项

（1）对各种仪表、传感器等要经常校核和定期标定。

（2）由于三轴压缩试验中进场要测定松软地基土的动强度指标，这些试样密度很低，制备低密度试样必须保持耐心和细心。

（3）三轴剪力仪属于精密仪器设备，价格昂贵。且实验操作复杂，要求试验人员掌握的技术知识也相对较多，所以从事该项试验的工作人员应接受专门的技术培训。

思　考　题

（1）与直接剪切试验相比，三轴压缩试验有哪些优点？

（2）三轴压缩试验有哪三种试验方法？

6.3 无侧限抗压强度试验

6.3.1 试验目的

无侧限抗压强度为土的单轴抗压强度，是土样在无侧向压力条件下，抵抗轴向应力的极限强度，用于测定黏性土，特别是饱和黏性土的抗压强度试验及灵敏度。它的设备简单，操作简便，在工程上应用很广。

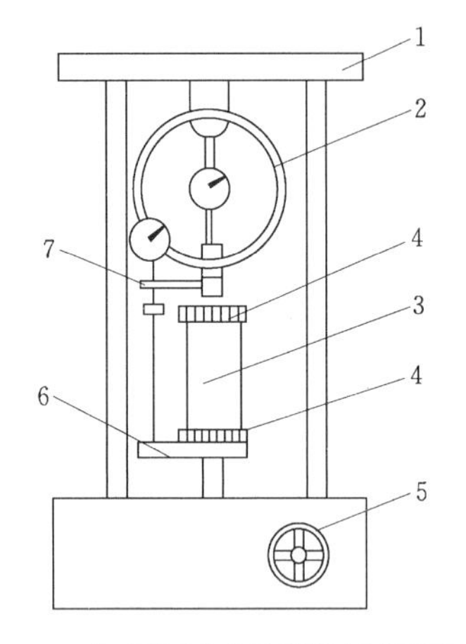

图6-15　应变控制式无侧限压缩仪示意图
1—轴向加压架；2—轴向测力计；3—试样；
4—上下传压板；5—手轮、电动转轮；
6—升降板；7—轴向位移计

6.3.2　试验仪器

(1) 应变控制式无侧限压缩仪：由测力计、上加压板、下加压板、螺杆、加压框架、升降设备组成，见图6-15。

(2) 轴向位移计：量程10mm，分度值0.01mm的百分表或准确度为全量程0.2%的位移传感器。

(3) 天平：称量1000g，量小分度值0.1g。

(4) 切土盘、击实筒、卡尺、削土刀、钢丝锯、秒表等。

6.3.3　基本概念

无侧限抗压强度试验是三轴试验的一个特例，即将土样置于不受侧向限制的条件下进行的压力试验，当圆柱形土体受轴向压力作用，土样破坏时其抗压强度 σ_1。此时土样所受的小主应力 $\sigma_3=0$。

对于脆性土体，有出现破裂面的可能，就可以用其与大、小主应力作用面的夹角关系测得 φ，并通过应力极限平衡条件求得 c，对于软黏土，土中的水分在试验中无法及时排出，$\varphi=0$，$c=\sigma_1/2$。本试验用于测定饱和软黏土的无侧限抗压强度。

6.3.4　试验步骤

(1) 原状土试样制备与三轴压缩试验土试样制备步骤相同。将原状土样按天然土层的方向置于切土器中，用切土刀或钢丝锯细心削切，边转边削，直至切成所需的直径为止，从切土器中取出试件在成模筒中削去两端多余的土样，试样直径宜为35～50mm，高度与直径之比宜采用2.0～2.5，原则上按直径为3.91mm、高为80mm。

(2) 将制备好的试样两端抹一薄层凡士林，气候干燥时进行试验，试样周围亦需抹一薄层凡士林，防止水分蒸发。

(3) 将试样放在底座上，转动手轮，使底座缓慢上升，试样与加压板刚好接触，调整测力计读数为零。根据试样的软硬程度选用不同量程的测力计。

(4) 轴向应变速度宜为每分钟应变1%～3%。转动手柄，使升降设备上升进行试验，轴向应变小于3%时，每隔0.5%应变（或0.4mm）读数一次轴向应变等于、大于3%时，每隔1%应变（或0.8mm）读数一次。试验宜在8～10min内完成。

(5) 当测力计读数出现峰值时，继续进行3%～5%的应变后停止试验；当读数无峰值时，试验应进行到应变达20%为止。

(6) 试验结束，取下试样，描述试样破坏后的形状及滑动面的夹角。

(7) 当需要测定灵敏度时，应立即将破坏后的试样除去涂有凡士林的表面。加少许余土，包于塑料薄膜内用手搓捏，破坏其结构，重塑成圆柱形，放入重塑筒内，用金属垫板，将试样挤成与原状试样尺寸、密度相等的试样，并按（1）～（5）的步骤进行试验。

6.3.5 成果整理

1. 轴向应变计算

$$\varepsilon_1=\frac{\Delta h}{h_0} \tag{6-16}$$

2. 试样面积的校正与计算

$$A_1=\frac{A_0}{1-\varepsilon_1} \tag{6-17}$$

3. 试样所受的轴向应力计算

$$\sigma=\frac{CR}{A}\times 10 \tag{6-18}$$

式中 σ ——轴向应力，kPa。

4. 曲线绘制

以轴向应力为纵坐标，轴向应变为横坐标，绘制轴向应力与轴向应变关系曲线（图 6-16）。取曲线上最大轴向应力作为无侧限抗压强度，当曲线上峰值不明显时，取轴向应变 15%所对应的轴向应力作为无侧限抗压强度，记录见表6-3。

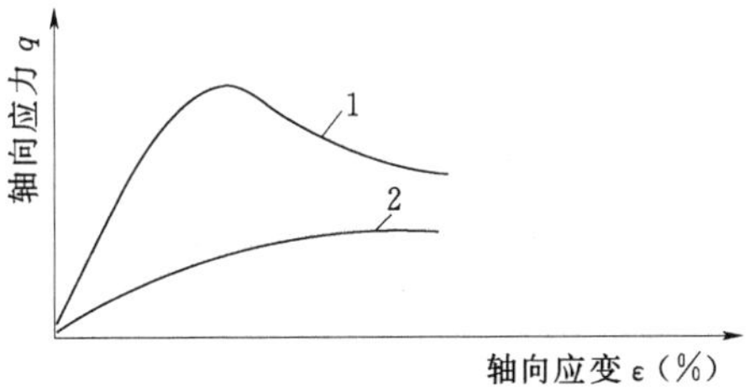

图 6-16 轴向应力与轴向应变关系曲线

1—原状试样；2—重塑试样

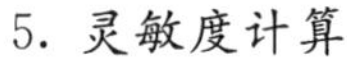

5. 灵敏度计算

$$S_t=\frac{q_u}{q'_u}\times 10 \tag{6-19}$$

式中 S_t——灵敏度；

q_u——原状试样的无侧限抗压强度，kPa；

q'_u——重塑试样的无侧限抗压强度，kPa。

表 6-3 无侧限抗压强度试验记录表

工程编号______ 试样编号______ 试验日期______

试 验 者______ 计 算 者______ 校 核 者______

仪器编号	垂直压力（kPa）	测力计率定系数（N/0.01mm）	无侧限抗压强度（原状土）（kPa）	无侧限抗压强度（扰动土）（kPa）	灵敏度

思 考 题

（1）什么是土的灵敏度？

（2）无侧限抗压强度试验的适用条件？

6.4　十字板剪切试验（原位试验）

6.4.1　试验目的

测定原位应力条件下软黏土的不排水抗剪强度，估算软黏土的灵敏度。十字板剪切仪适用于饱和软黏土，特别适用于难于取样或试样在自重作用下不能保持原有形状的软黏土。它的优点是构造简单，操作方便，试验时对土的结构扰动也较小，故在实际中广泛得到应用。

6.4.2　试验仪器

试验仪器包括压力主机、十字板头、扭力量测仪表、扭力装置、转杆、水平尺、管钳。其中机械式十字板剪切仪见图6-17，十字板离合器见图6-18。

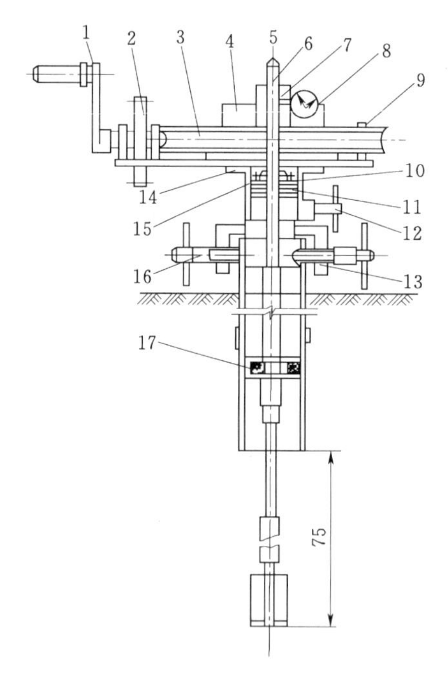

图6-17　机械式十字板剪切仪

1—手摇柄；2—齿轮；3—蜗轮；4—开口钢环；5—导杆；6—特制键；7—固定夹；8—量表；9—支座；10—压圈；11—平面弹子盘；12—锁紧轴；13—底座；14—固定套；15—横销；16—制紧轴；17—导轮

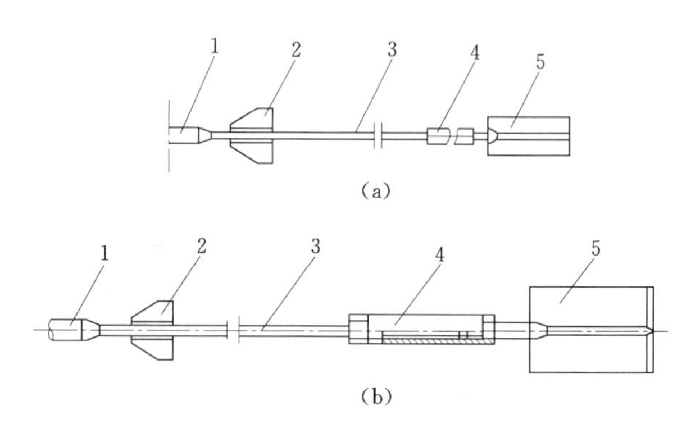

图6-18　十字板头离合器示意图

(a) 离合式；(b) 牙嵌式

1—钻杆；2—导轮；3—轴杆；4—离合器；5—十字板头

6.4.3　试验方法

这是一种原位测试土抗剪强度的方法。室内的抗剪强度测试要求取得原状土样。但由于试样在采取、运送、保存和制备等方面不可避免地受到扰动，含水量也很难保持，特别是对于高灵敏度的软黏土，室内试验结果的精度就受到影响。十字板剪切试验不需取原状土样，试验时的排水条件、受力状态与土所处的天然状态比较接近，对于很难取样的土，如软黏土，也可以进行测试。十字板剪切试验的原理是用插入软黏土中的十字板头，以一定的速率旋转，测出土的抵抗力矩，换算其抗剪强度，相当于内摩擦角为 0 情况下的黏聚力。

6.4.4 试验步骤

（1）十字板剪切试验是在室外，试验地点，按钻探深度将套管下至欲测试深度以上 3～5 倍套管直径处。

（2）到达指定深度，用木套管夹或链条钳将套管固定，以防套管下沉或扭力过大时套管发生反向旋转。

（3）清除孔内残土。为避免试验土层受扰动，一般使用有孔螺旋钻清孔。

（4）将十字板头、轴杆、钻杆逐节接好用管钳拧紧，然后下放孔内至十字板头与孔底接触。

（5）接上导杆，将底座穿过导杆固定在套管上，用制紧螺丝拧紧，然后将十字板头徐徐压至试验深度。当试验深度处为较硬夹层时，应穿过夹层进行试验。

（6）套上转动部件，转动底板使导杆键槽与钢环固定夹键槽对正，用锁紧螺丝将固定套与底座锁紧，再转动手摇柄使特制键自由落入键槽，将指针对准任何一整数刻度，装上百分表并调至零位。

（7）试验开始，以 0.1°/s 的转速转动手摇柄，同时开动秒表，每转动 1°测记百分表读数 1 次。当读数出现峰值或稳定值后，再继续旋转测度 1min。其峰值读数或稳定值读数即为原状土剪切破坏时量表最大读数 R_y。

（8）拔出特制键，在导杆上端装上旋转手柄，顺时针方向转动 6 圈，使十字板头周围土充分扰动。取下旋转手柄，然后插上特制键，按照实验步骤（7）的规定，测记重塑土剪切破坏时量表的最大读数 R_e。

（9）重塑土的抗剪强度试验视工程需要而定，一般情况下可酌情减少试验次数。

对于离合式十字板头，拔下特制键，上提导杆 2～3cm，使离合齿脱离，在插上特制键，匀速转动手摇柄，测记轴杆与土摩擦的量表稳定读数 R_g。

（10）对于牙嵌式十字板头，逆时针快速转动手柄 10 余圈，使轴杆与十字板头脱离，再顺时针方向匀速转动手柄，测记轴杆与土摩擦时的量表读数 R_g。

（11）试验完毕，卸下转动部件和底座，在导杆孔中插入吊钩，逐节提取钻杆和十字板头。清洗十字板头，检查螺丝是否松动，轴杆是否弯曲。

（12）水上进行十字板试验，当孔底土质软时，为防止套管在试验过程中下沉，应采用套管控制器。

6.4.5 成果整理

按下列公式计算十字板剪切强度 c_u、c'_u：

$$c_u=10KC(R_y-R_g) \tag{6-20}$$

$$c'_u=10KC(R_e-R_g) \tag{6-21}$$

$$K=2L\frac{2L}{\pi D^2 H\left(1+\frac{D}{3H}\right)} \tag{6-22}$$

式中　R_g——轴杆和钻杆与土摩擦时的量表最大读数，mm；

L——率定时的力臂长，cm；

C——钢环系数，N/mm；

K——与十字板头尺寸有关的常数，cm^{-2}。

计算见表6-4。

表6-4　　十字板剪切试验记录表

试验名称__________　第___周、星期___、第___节课
试 验 者__________　计算者__________
指导教师__________
地　　点__________　交报告日期：__________
孔口标高__________　试验深度__________　稳定水位__________
十字板规格__________
钢环编号__________　率定系数__________

序号	原状土		重塑土		轴杆	
	百分表读数（0.01mm）应变仪读数	抗剪强度	百分表读数（0.01mm）应变仪读数	抗剪强度	百分表读数（0.01mm）	

思　考　题

（1）简述十字板剪切试验的试验原理。

（2）十字板剪切试验适合的试验对象是什么？

（3）对同一饱和土样，采用不同的试验方法时，其强度指标 c、φ 相同吗？为什么？

试验7 综合设计试验

随着社会的进步与发展，培养具有较强的动手能力、实践能力、创新能力和独立工作能力的本科生一直是工科院校人才培养的基本目标。试验课教学是培养这些能力的重要手段，目前仅开设验证型和演示型试验的教学模式已不适应现代教学的要求。各高校都在深化试验教学改革，高度重视综合性试验。土力学综合性、设计性试验是土力学试验课程的重要组成部分，是培养学生的动手能力和加深对土力学原理理解的重要实践环节。综合性、设计性试验要求在试验前，要求学生认真阅读《土力学》教材，复习有关土力学理论知识，查阅有关土力学试验手册及仪器的性能与使用方法，在试验前经指导教师指导明确试验的目的、任务及要求，认真写出设计性试验预习报告。撰写预习报告时，注意内容应包括如下几点：课题名称、已知条件、主要技术指标、试验仪器或设备、试验设计及步骤、技术指标测试、试验数据整理、故障分析及解决的办法、试验结果讨论与误差分析、思考题解答与建议等。

7.1 无机结合料稳定材料性能的测定

在建筑填方工程、修筑各等级公路、铁路、市政道路和机场跑道、港口以及地基处理等工程中大量使用无机结合料稳定材料，无机结合料稳定材料是指通过无机胶结材料将松散的集料结成为具有一定强度的整体材料。按结合料中集料分类，可分为稳定土类和稳定粒料类；按结合料中稳定材料分类，可分为水泥稳定类、石灰稳定类、综合稳定类、石灰工业废渣稳定类等。其特点：稳定土材料稳定性好、抗冻性能强、结构本身自成板体，但耐磨性差，广泛用于路面结构的基层或底基层。常用的无机结合料有：水泥、石灰、工业废渣（粉煤灰、煤渣）等。无机结合料稳定类材料为半刚性材料，由固相、液相和气相组成，其外观胀缩性是三相在不同温度下收缩性的综合效应的结果。半刚性材料一般在高温季节修建，成型初期基层内部含水量较大，尚未被沥青面层封闭，基层内部的水分必然要蒸发，从而发生由表及里的干燥收缩。其用途在裂缝防治措施中表现明显，在改善土质方面，可采用黏性较小的土，或在黏性土中掺入砂土、粉煤灰等，可降低土的塑性指数、控制含水量和压实度；如掺加粗粒料，可使混合料满足最佳组成要求，可以提高其强度和稳定性，减少裂缝产生，同时可以节约结合料和改善碾压时的拥挤现象。对这些无机结合料稳定材料性能的测定有十分重大的理论和实际意义。

7.1.1 试验目的

本试验在设计思路方面，采用规定的试筒内，对在水化作用完成前的水泥稳定土、石灰稳定土及粉煤灰水泥稳定土进行击实试验，根据试验计算结果绘制稳定土的含水率与干密度关系曲线，确定其最佳含水率和最大干密度；本试验采用集料的最大粒径宜控制在25mm以内。

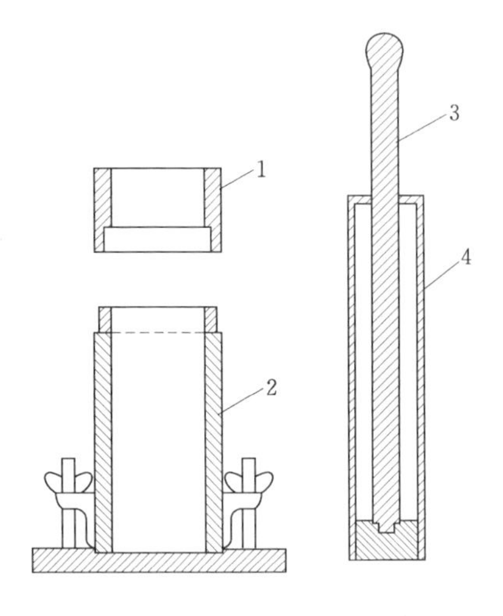

图7-1　击实仪

1—护筒；2—击实筒；3—击实锤；4—导筒

7.1.2　试验仪器

(1) 击实仪。如图7-1所示。金属圆筒内径100筒的高度为127mm，套环高50mm，击锤和导管。

(2) 天平。感量为0.01g。

(3) 台秤。称量为15kg，分度值为5g。

(4) 圆孔筛。（孔径40mm、25mm、20mm、5mm各一个）。

(5) 直刮尺、喷水设备、碾土器、盛土器、推土器、修土刀等。

7.1.3　基本概念

无机结合料稳定土的含水率增加到最佳含水率之前时，水泥土中气体大部分与外界连通，在击实功作用下，气体被排出，随着含水率增加，薄膜水和粒间联结力对击实功的抵消作用愈来愈小，加之土团间的润滑作用使土体变密，即这时的密度随含水率增大而增大。

当无机集合料稳定土的含水率接近最优含水率时，土中仍有封闭气体，击实时水、气都不易被排出，土中出现孔隙压力，它会抵抗击实功的作用，这时含水率的变化对干密度影响就不那么明显，这是根据试验数据绘制的击实曲线坡度会出现平缓状态，但这时土粒的水膜较厚，粒间联结力就较小，这就使得土粒在击实功作用下排列更为定向。

当无机结合料稳定土的含水率超过最佳含水率，这时土中的空气基本为封闭型式，土中的水和气的孔隙压力又对击实功起抵消作用，故击实效果不显著，只是这时水膜更厚，土料更易被击成定向排列，即土的密度随含水率增大而减小。

由于击实得试验作用，无机结合料稳定土会呈现在不同的含水率状态，这是同一种土呈现不同的干密度，绘制击实曲线，曲线的最高点所应对的值即为无机结合料稳定土的最大干密度和最佳含水率。

7.1.4　试验步骤

7.1.4.1　试验前的准备

根据集料最大粒径的不同，本试验设计分为三类方式。试验前将具有代表性的风干试料用木槌或木碾捣碎，必要时可用烘干箱在50℃下烘干，如试料是细粒土，应将已捣碎的具有代表性土样过5mm筛备用；如试料中含有大于5mm的颗料，则先将试料过25mm筛，如存留在筛孔25mm筛的颗粒的含量不超过20%，则过筛料留作备用；如试料中粒径大于25mm筛的颗粒含量过多，则将试料过40mm的筛备用。每次筛分后，均应记录超尺寸颗粒的百分率。在预定做击实试验的前一天，取有代表性的试料测定其风干含水率。

7.1.4.2　可根据式样的情况设计三种不同的试验方法对无机结合料稳定土（水泥土）进行试验

1. 试验方法一

(1) 将已筛分的试样用四分法逐次分小，至最后取出约10～15kg试料。再用四分法将已取出的试料分成 5～6 份，每份试料的干质量为 2kg（细粒土），或 2.5kg（中粒土）。

(2) 预定 5～6 个不同含水率，依次相差 1%～2%，且其中至少有两个大于和两个小于最佳含水率。对于细粒土，可参照其塑限估计素土的最佳含水量。

(3) 按预定含水率制备试样。

(4) 将一份试料和结合料（水泥、石灰）平铺在金属盘内，将事先计算好的应加水量均匀地喷洒在试料上，并用搅拌工具充分拌和到均匀状态。

(5) 将试筒套环与击实底板紧密连接，并将制备好的试样分五层装入筒内，每层装好后按规定击实次数（27 次）进行击实，且最后一层试样击实后，试样超出试筒顶的高度不得大于 6mm，否则应作废。

(6) 用刮土刀沿套环内壁削挖，使试样与套环脱离后，扭动并取下套环。用工字形刮平尺齐筒顶和筒底将试样刮平，擦净试筒的外壁后，称其质量准确至 5g。

(7) 用脱模器推出筒内试样，并从试样内部由上至下取两个有代表性的样品测定其含水率（两个差值不得大于 1%），计算至 0.1%。

(8) 按以上步骤进行其他含水率下稳定土的击实和测定工作。

2. 试验方法二

该试验方法十分适宜于粒径达 25mm 的集料。在需要与承载比等试验结合起来进行时，采用方法二进行击实试验。

(1) 将已筛分的试样用四分法逐次分小，至最后取出约 30kg 试料。再用四分法将已取出的试料分成 5～6 份，每份试料的干质量为 4.4kg（细料土），或 5.5kg（中粒土）。

(2) 预定 5～6 个不同含水率，依次相差 1%～2%，且其中至少有两个大于和两个小于最佳含水率。可参照其塑限估计素土的最佳含水量。

(3) 按预定含水率制备试样。

(4) 将一份试料和结合料（水泥、石灰）平铺在金属盘内，将事先计算好的应加水量均匀的喷洒在试料上，并用搅拌工具充分拌和到均匀状态。

(5) 将试筒套环与击实底板紧密连接，将垫块放入筒内底板上，然后并将制备好的试样分五层装入筒内，每层装好后按规定击实次数（59 次）进行击实，且最后一层试样击实后，试样超出试筒顶的高度不得大于 6mm，否则应作废。

(6) 用刮土刀沿套环内壁削挖，使试样与套环脱离后，扭动并取下套环。用工字形刮平尺齐筒顶和筒底将试样刮平，擦净试筒的外壁后，称其质量准确至 5g。

(7) 用脱模器推出筒内试样，并从试样内部由上至下取两个有代表性的样品测定其含水率（两个差值不得大于 1%），计算至 0.1%。

(8) 按第（3）～（7）项的步骤进行其余含水率下稳定土的击实和测定工作。

3. 试验方法三

(1) 将已筛分的试样用四分法逐次分小，至最后取出约 33kg 试料。再用四分法将已取出的试料分为 5～6 份，每份试料的干质量约为 5.5kg。

(2) 预定 5～6 个不同含水率，依次相差 1%～2%，在估计的最佳含水率左右可只差 1%，其余差 2%。

(3) 按预定含水率制备试样。

（4）将所需要的稳定剂水泥加到浸润后的试料中，并用小铲、泥刀或其他工具充分拌和到均匀状态。

（5）将试筒、套环与击实底板紧密连接，将垫块放入筒内底板上，然后并将制备好的试样分三层装入筒内，每层装好后按规定击实次数（98 次）进行击实，且最后一层试样击实后，试样超出试筒顶的高度不得大于 6mm，否则应作废。

（6）用刮土刀沿套环内壁削挖，使试样与套环脱离后，扭动并取下套环。齐筒顶细心刮平试样，应拆除底板，取走垫块，擦净试筒的外壁后，称其质量准确至 5g。

（7）用脱模器推出筒内试样，并从试样内部由上至下取两个有代表性的样品测定其含水率（两个差值不得大于 1%），计算至 0.1%。

（8）按第（3）～（7）项的步骤进行其余含水率下稳定土的击实和测定工作。

7.1.5 成果整理

（1）按式（7-1）计算每次击实后稳定土的湿密度为

$$\rho_w = (Q_1 - Q_2)/V \qquad (7-1)$$

式中 ρ_w——稳定土的湿密度，g/cm^3；

Q_1——试筒与湿试样的合质量，g；

Q_2——试筒的质量，g；

V——试筒的容积，cm^3。

（2）按式（7-2）计算每次击实后稳定土的干密度为

$$\rho_d = \rho_w / (1 + 0.01\omega) \qquad (7-2)$$

式中 ρ_d——稳定土的干密度，g/cm^3；

ω——试样的含水率，%。

（3）以干密度为纵坐标，以含水率为横坐标，在普通直角坐标纸上绘制干密度与含水率的关系曲线，驼峰顶曲线定点的纵、横坐标分别为稳定土的最大干密度和最佳含水率。

（4）超尺寸颗粒的校正；当试样中大于规定最大粒径的超尺寸颗粒的含量为 5%～30% 时，按式（7-3）对试验所得的最大干密度和最佳含水率进行校正（小于 5%时不用校正）。

1）按式（7-3）进行最大干密度校正为

$$\rho'_{dm} = (1 - 0.01p) + 0.9 \times 0.01pG'_a \qquad (7-3)$$

式中 ρ'_{dm}——校正后最大干密度，g/cm^3；

p——试样中超尺寸颗粒的百分率，%；

G'_a——超尺寸颗粒的毛体积相对密度。

2）按式（7-4）进行最佳含水率校正为

$$\omega'_0 = \omega_0 (1 - 0.01p) + 0.01p\omega_a \qquad (7-4)$$

式中 ω'_0——校正后的最佳含水率，%；

ω_0——试验所得最佳含水率，%；

p——试样中超尺寸颗粒的百分率，%；

ω_a——超尺寸颗粒的吸水量，%。

精密度和允许误差：应做两次平行试验，两次试验最大干密度的差不应过 0.05g/cm^3

（稳定细粒土）和 0.08g/cm³（稳定中粒土和粗粒土）；最佳含水率的差不应超过 0.5%（最佳含水率小于 10%）和 1.0%（最佳含水率大于 10%）。

干密度与含水率试验记录见表 7-1，干密度与含水率关系曲线见图 7-2。

表 7-1　　**干密度与含水率试验记录表**

工程编号__________　　试样编号__________　　试验日期__________

试 验 者__________　　计 算 者__________　　校 核 者__________

试验序号	干密度（g/cm³）					含水率（%）							
	筒＋土质量（g）	筒质量（g）	湿土质量（g）	密度（g/cm³）	干密度	盒号	盒＋湿土质量（g）	盒＋干土质量（g）	盒质量（g）	湿土质量（g）	干土质量（g）	含水率	平均含水率

最大干密度＝　　g/cm³	最优含水率＝　　%	饱和度＝　　%
大于 5mm 颗粒含率＝　　%	校正后最大干密度＝　　g/cm³	校正后最佳含水率＝　　%

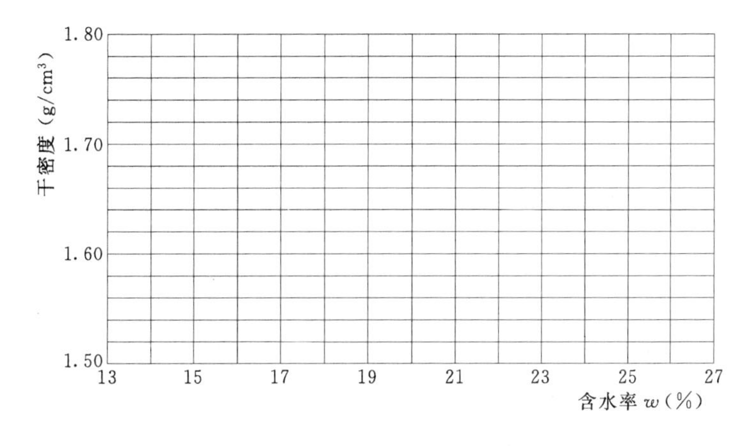

图 7-2　干密度 ρ_d 与含水率 w 关系曲线

思　考　题

（1）什么是无机结合料稳定材料？其工程用途是什么？

（2）无机结合料稳定材料的工程性质有哪些？

7.2　土工合成材料性能的测定

随着岩土工程向深、难的大力发展，土工合成材料的使用越来越广泛。土工合成材料是土木工程应用的合成材料的总称。作为一种土木工程材料，它是以人工合成的聚合物（如塑料、化纤、合成橡胶等）为原料，制成各种类型的产品，置于土体内部、表面或各种土体之间，发挥加强或保护土体的作用。例如：单向拉伸塑料土工格栅主要适用于加筋挡墙，加筋陡坡、桥台及公路、铁路、机场的加筋土结构；土工合成材料的用途广泛，主要用在公路、水利、堤坝、机场、建筑、环保等领域，主要起加筋、防渗、过滤、排水、隔离、防护等作用。因此，对各种类型的土工合成材料的性能测试具有十分重要的实际意义。

图7-3　土工合成材料综合测定仪

7.2.1　试验目的

在试验室测定不同类型的土工合成材料的物理、力学性能，为土工合成材料在工程中的运用提供科学依据。

7.2.2　试验仪器

（1）土工合成材料综合测定仪等（图7-3）。

（2）土工复合材料试件，包括土工布、土工网和土工格栅等（图7-4）。

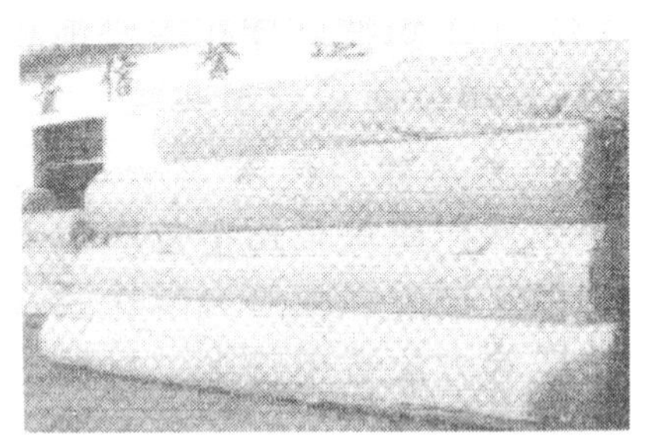

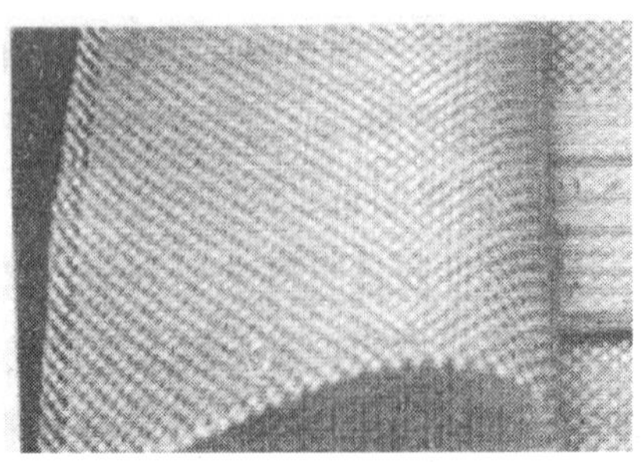

图7-4　几种常见的土工合成材料

7.2.3 试验步骤

7.2.3.1 试样制备

试样制备适用于土工合成材料试验的试样准备，具体制备方式如下：

（1）每项试验的试样应从样品的长度和宽度两个方向上随机剪取，距样品的边缘应等于或大于100mm，样品应不小于1延长米（或$2m^2$）。

（2）试样应不含有灰尘、折痕、孔洞、损伤部分和可见疵点。

（3）对同一项试验剪取两个以上的试样时，应避免它们位于同一纵向和横向位置上，即采用梯形取样法，如不可避免（如卷装，幅宽较窄），应在试验报告中注明情况。

（4）剪取试样时应满足精度要求。

（5）剪取试样前，应先有剪裁计划，然后再剪。

（6）对每项试验所用全部试样，应予以编号。

7.2.3.2 试样的调湿和饱和

试样应置于温度为20±2℃，相对湿度为60±10%和标准大气压的环境中调湿24h。如果确认试样不受环境影响，则可省去调湿处理，但应在记录中注明试验时的温度和湿度。土工织物试样在需要饱和时，宜采用真空抽气法饱和。

7.2.3.3 单位面积质量试验

1. 目的及适用范围

单位面积质量是指单位面积土工合成材料具有的质量。它反映材料多方面的性能，如抗拉强度、顶破强度等力学性能和孔隙率、渗透性等水力学性能。适用于各类土工织物、土工膜和土工复合品。

本试验方法适用于土工材料，测定其单位面积质量。

2. 仪器设备

包括剪刀、尺（最小分度值1mm）、天平（最小感量0.01g）。

3. 试验步骤

试样制备数量不得少于10块。对试样进行编号。试样面积：对一般土工合成材料，试样面积为$100cm^2$，裁剪和测量精度为1mm；对网较大或均匀性较差的土工合成材料，可适当加大试样尺寸。按试样制备的要求剪取试样。

4. 计算结果及评定

每块试样的单位面积质量M按式（7-5）计算为

$$M=\frac{m}{A} \qquad (7-5)$$

式中 M——单位面积质量，g/m^2；

A——试样面积，m^2。

7.2.3.4 厚度测定

1. 目的与适用范围

本试验用于测定一定压力下土工合成材料的厚度。适用于各类土工织物、土工膜和土工复合品。

图7-5　厚度测定仪

2. 仪器设备

基准板。直径应大于压块直径50mm（图7-5）。

试块表面光滑平整，底面积为$25cm^2$，重为5N的圆形压块。压块放在试样上，对试样施加2±0.01kPa压力下厚度的操作方法。

加压仪：出力大于500N。

百分表：最小分度值为0.01mm。

秒表：最小分度值为0.1s。

3. 试验步骤

测定2kPa及200kPa压力下厚度的操作方法。将基准板放在加压仪上，再将压块放在基准板上，调整百分表零点；提起压块，将试样自然平放在基准板和压块之间，轻轻放下压块，调节加压仪上荷重，将试样受力达20±0.1kPa，压力加上后开始计时，达30s时记录百分表读数；仍按上述步骤调节加压仪上荷重，试样受力达200±1kPa，压力加上后开始计时，达30s时记录百分表读数。

重复以上叙述步骤，直至测试完全部10块试样。

4. 计算及绘图

分别计算每种压力下10块试样厚度的算术平均值$\overline{x}$、标准差σ和变异系数C_v。

绘厚度与压力关系曲线，横轴为压力对数值，纵轴为厚度平均值，见图7-6。

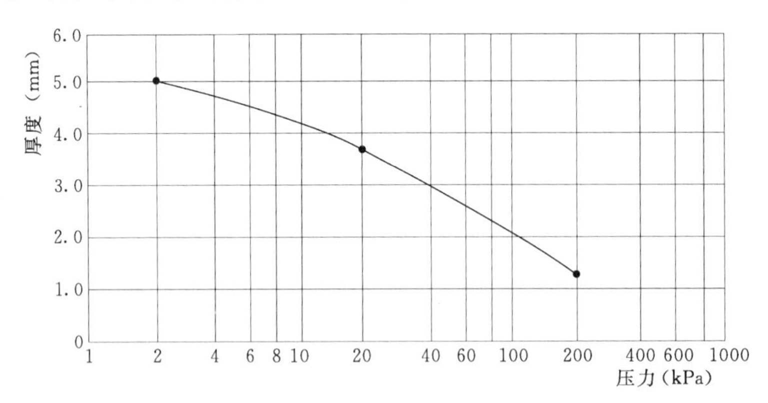

图7-6　无纺土工织物的厚度—压力关系曲线

7.2.3.5　孔径系数（干筛法）

1. 目的与适用范围

本试验用干筛法测定土工织物的等效孔径EOS（或称表现孔径AOS）和孔径分布曲线。适用于有孔隙的各类土工织物和土工复合品。

2. 仪器设备

标准试验筛：直径200mm。

振筛机：具有水平摇动和垂直振动（或拍击）装置应符合《振筛机》（GB 9909—88）

的规定。

天平：称量 200g，感量 0.01g。

振筛用的颗粒材料。将洗净烘干的颗粒材料用筛析法进行分级制备，按标准试验筛孔径分级如下：0.063～0.075mm，0.075～0.090mm，0.090～0.106mm，0.106～0.125mm，0.125～0.150mm，0.150～0.180mm，0.180～0.250mm，0.250～0.350mm 等。

其他用品：秒表，细软刷子。

3. 试验步骤

试样准备：按规定裁剪试样，其直径应大于筛子直径。应取 5 块试样，如果试样为针刺土工织物，振筛后，若嵌入织物的颗粒不易清出时，织物试样不能重复使用，这时，试样数为 $5n$（n 为选取的粒径级数）。

操作步骤：

将试样放在筛网上，并固定好。称量颗粒材料 50g，均匀撒布在试样表面。将装好试样的筛子、接收盘与筛盖夹紧装入振筛机上，开动机器，振筛 10min。停机后，称量通过试样的颗粒材料重量，然后轻轻振拍筛框或用刷子轻轻拭拂清除表面及嵌入试样的颗粒。如此对同一级颗粒进行 5 次平均试验。用另一级颗粒材料在同一块式样上重复本上述步骤。测定孔径分布曲线，应取得不少于 3～4 级连续分级颗粒的过筛率，并要求试验点均匀分布。若仅测定等效孔径 O_{95}，则有两组的筛余率在 95%左右即可。

4. 计算及绘图

按下式计算某级颗粒的筛余率 R_i：

$$R_i=\frac{M_t-M_i}{M_t}\times 100\% \tag{7-6}$$

式中　M_t——筛析时颗粒投放量，g；

M_i——筛析后底盘中颗粒重量（过筛量），g。

按下式计算 5 次平行试验筛余率的平均值 $\overline{x}$：

$$\overline{x}=\sum_{i=1}^{5}R_i/5 \tag{7-7}$$

用各级颗粒的平均筛余率与相应各级颗粒的平均粒径在半对数纸上绘孔径分布曲线，见图7-7。

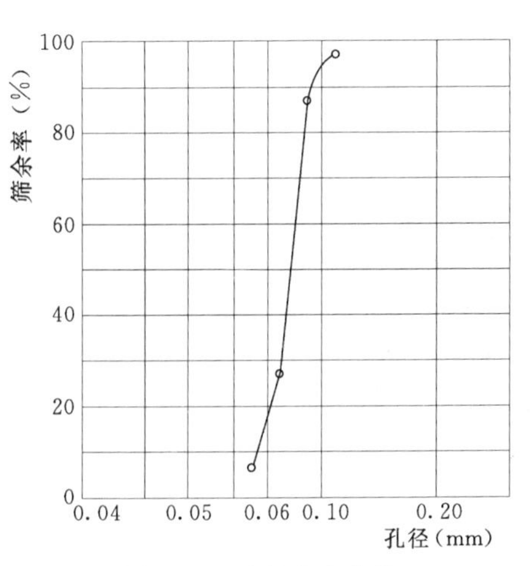

图 7-7　孔径分布曲线

7.2.3.6　垂直渗透试验

该试验用于测定在常水头 10cm 或符合层流条件下土工织物的垂直渗透系数和透水率。

7.2.3.7　水平渗透试验

该试验用于测定一定法向压力作用下的土工织物在常水头水流下的水平渗透系数和导水率。

7.2.3.8　条样法拉伸试验

该试验用于测定条带试样的拉伸强度和延伸率。

7.2.3.9 握持拉伸试验

该试验用于测定土工织物的握持力。

7.2.3.10 撕裂试验

该试验用于测定土工织物的撕裂强度试验。

7.2.3.11 CBR 顶破试验

该试验用于测定各类型土工织物、土工膜和土工复合品 CBR 顶破强度。

7.2.3.12 刺破试验

该试验用于各类土工织物、土工膜及土工复合品的刺破强度。

以上试验参见土工合成材料测试规程（Code for Test and Measurement of Geosynthetics，SL/T 235—1999）。

单位面积重量试验记录见表 7-2，厚度试验记录见表 7-3。

表 7-2　单位面积重量试验记录

产品名称规格		温度（℃）		试验者	
试样长×宽(mm×mm)		湿度（%）		计算者	
试验小组编号		试验日期		校核者	
试样序号	重量（g）			平方米重量(g/m²)	
1					
2					
3					
4					
5					
6					
7					
8					
9					
10					
单位值 $\overline{X}$					
标准差 σ					
变异系数 C（%）					

指导教师签名：　　　　日期：

表 7-3　厚度试验记录

产品名称规格		温度（℃）		试验者	
加压仪型号		湿度（%）		计算者	
试验小组编号		试验日期		校核者	
试样序号	重量（g）			平方米重量（g/m²）	
1					
2					
3					
4					

续表

产品名称规格		温度（℃）		试验者	
加压仪型号		湿度（%）		计算者	
试验小组编号		试验日期		校核者	
试样序号	重量（g）			平方米重量（g/m^2）	
5					
6					
7					
8					
9					
10					
单位值 $\overline{X}$					
标准差 σ					
变异系数 C_v（%）					

指导教师签名：　　　　日期：

思　考　题

（1）击实实验中不同含水率状态下无机结合料稳定材料的密度变化是什么？

（2）根据本综合性实验思路，如何设计无机结合料稳定材料的其他实验？

（3）什么是土工合成材料？

（4）土工合成材料实验如何制作试样？

7.3 建筑物地基变形与承载力的测定

工程实际中地基随建筑物荷载作用后，内部应力发生变化，表现在两方面：一种是由于地基土在建筑物荷载作用下产生压缩变形，引起基础过大的沉降量或沉降差，使上部结构倾斜，造成建筑物沉降失去使用价值；另一种是由于建筑物的荷载过大，超过了基础下持力层土所能承受荷载的能力而使地基产生滑动破坏（图 7-8）。因此，对地基土变形和承载力的确定是土力学与地基基础研究的基本问题，在《土力学》课程中具有重要的实际应用价值。

7.3.1 试验目的

本试验在完成《土力学》验证性试验的学习后，在掌握含水率试验、比重试验、密度试验、压缩试验、直剪试验、三轴试验等试验原理与操作后，联系土力学压缩变形计算原理、地基承载力计算原理等相关知识后，综合设计试验思路。

7.3.2 试验仪器

（1）电子天平（感量 0.01g）。

（2）烘箱，保持恒温 105℃。

（3）内径为 6～8cm，高 2～3cm 的环刀。

图7-8　上海莲花河畔景苑

(4) 圆锥式液限仪。

(5) 压缩仪。包括加压及传压装置、压缩容器和测微表。

(6) 应变式直剪仪。主要部件为盒式剪切容器、弹性钢环、竖向加荷设备、测微表。

(7) 玻璃板、螺丝刀、修土刀、钢丝锯、测径器、凡士林、干燥器。

(8) 铝盒、滤纸、秒表、卡尺、推土器等。

7.3.3 基本概念

建筑物地基变形与承载力的测定是一项综合性、设计性试验，工程实际的地基的变形与土的压缩性密切相关，而地基土的承载力则与土的抗剪强度有关。室内试验采用压缩试验测定压缩指标，采用直剪试验或三轴试验测定抗剪强度指标。本设计性试验涵盖了本试验指导书中的基础性试验和综合性试验的部分内容，由学生根据实际工程条件自行设计选用。

室内常用土的压缩试验测定压缩指标进行计算地基土的沉降。压缩变形的快慢取决于土中水排出的快慢即土的渗透性的大小。对渗透性大的砂土，其压缩过程在加荷后较短时期即可完成；对于黏性土，尤其是饱和软黏土，孔隙水的排出速率很低，其压缩过程所需时间长，十几年甚至几十年压缩变形才能稳定。室内试验时，根据不同的实际条件，压缩试验可进行稳定压缩，假定稳定压缩和快速压缩三类，具体的原理参见土的压缩试验。由压缩试验测定土的压缩系数、压缩模量等有关压缩性指标后，采用分层总和法的原理计算沉降。本设计性试验取土为某一层地基土，因此，试验土样为均质土，计算沉降时只计算一层土的沉降。假定该土层得厚度为h，其上下表面的自重应力分别为$\sigma_{cz(i-1)}$和σ_{czi}，取其平均值$p_{1i}=[\sigma_{cz(i-1)}+\sigma_{czi}]/2$，压缩曲线所对应的孔隙比为$e_{1i}$；其上下表面的附加应力分别为$\sigma_{z(i-1)}$和$\sigma_{zi}$，取其平均值$\bar{\sigma}_{zi}=[\sigma_{cz(i-1)}+\sigma_{czi}]/2$。压缩曲线上自重应力和附加应力之和$p_{2i}=p_{1i}+\bar{\sigma}_{zi}$所对应的孔隙比为$e_{2i}$。根据侧限压缩的基本公式，求得该层的压缩变形量$\Delta s_i$为：

$$\Delta s_i=\frac{e_{1i}-e_{2i}}{1+e_{1i}}h\text{；或 }\Delta s_i=\frac{a_i}{1+e_1}\overline{\sigma z_i}h_i\text{ 或 }\Delta s_i=\frac{\overline{\sigma z_i}}{E_{si}}h_i$$

式中 a_i——该层土的压缩系数，kPa^{-1}；

E_{si}——该层土的压缩模量，kPa。

各层的压缩变形之和可作为该均质地基土层最终沉降量 s。

地基承载力是指地基土单位面积上所能承受的荷载，通常把地基土稳定状态下单位面积上所能承受的最大荷载称为极限荷载或极限承载力。在荷载作用下，地基要产生沉降变形。随着荷载的增大，地基变形逐渐增大，初始阶段地基尚处在弹性平衡状态，具有安全承载能力；当荷载继续增大，地基出现较大范围的塑性区时，地基即表现出承载力不足而失去稳定，此时地基达到极限承载力，计算方法有以下几种。

7.3.3.1 按照规范中各类土承载力表格确定地基承载力

1. 确定地基承载力标准值

根据各类土的在室内状态下的物理、力学性质指标平均值分别选用粉土承载力基本值、黏性土承载力基本值以及沿海地区淤泥和淤泥质土承载力基本值、素填土承载力基本值来确定地基承载力标准值，如有表中未列出的土类可继续查找相关资料、规范。

2. 确定地基承载力标准值 f_k

按下式确定地基承载力标准值 f_k 为：

$$f_k = \psi_f f_{0k} \tag{7-8}$$

式中 f_k——地基承载力标准值，kPa；

f_{0k}——地基承载力基本值，kPa；

$\psi_f = 1.0$。

在实际试验中，土层不均匀性及试验误差使土的性能指标试验值是离散的，即使土层划分合理及试验符合规程要求，随机因素引起的离散性仍不能完全清楚。因此，每层土应取 6 个不同土样进行统计分析，本试验为综合性设计性试验，为简化本部分计算，假设计算所得标准为平均值，即取 $\psi_f = 1.0$。

3. 确定地基承载力设计值 f

按下式确定地基承载力设计值 f 为

$$f = f_k + \eta_b \gamma (b-3) + \eta_d \gamma_0 (b-0.5) \tag{7-9}$$

式中 f——地基承载力设计值，kPa；

f_k——地基承载力标准值，kPa；

η_b、η_d——基础宽度和埋深的承载力修正系数，按表 7-4 确定；

γ——基底以下的土重度，地下水位以下取有效重度，kN/m^3；

γ_0——基底以上土的加权平均重度（$\gamma_0 = \gamma_i h_i$，γ_i、h_i 分别为第 i 层土的重度和厚度），地下水以下取有效重度，kN/m^3，本设计性试验取 $\gamma = \gamma_0$；

b——基础底面厚度，$b<3m$ 时按 3m 计，$b<6m$ 时按 6m 计；

d——基础埋置深度，$d<0.5m$ 时按 0.5m 计，一般自室外地面算起。在填方整平地区，可从填土地面算起，但填土在上部结构施工完成后时，就从天然地面算起，对于地下室，如果用箱型基础和筏板基础时，基础埋置深度自室外地面算起，在其他情况下应从室内地面算起。

式（7-9）适用于基础宽度大于 3m 或埋置深度大于 0.5m。

在地基承载力设计值就按式 7－9 时，当计算所得承载力设计值 $f<1.1f_k$ 时，可取 $f=1.1f_k$。当不满足式（7－9）式计算条件时，可按 $f=1.1f_k$ 直接确定地基承载力设计值。

表 7－4　　承载力修正系数

土的类别		η_b	η_d
淤泥和淤泥土质	$f_k\leqslant 50$kPa	0	1.0
	$f_k\geqslant 50$kPa	0	1.1
人工填土		0	1.1
$e\geqslant 0.85$ 或 $I_L\geqslant 0.85$ 的黏性土			
$e\geqslant 0.85$ 或 $I_L\geqslant 0.85$ 的粉土			
$e<0.85$ 或 $I_L<0.85$ 的粉土		0.3	1.6
$e<0.85$ 或 $s_r<0.85$ 的粉土		0.5	2.2
粉砂、细砂（不包括很湿和饱和时的稍密状态）		2.0	3.0
中砂、粗砂、砾砂和碎石土		3.0	4.4

注　强风化的岩石可参照所风化成的相应土类取值。

7.3.3.2　计算地基承载力

根据土强度理论按式（7－10）计算地基承载力为

$$F_v=M_b\gamma b+M_d\gamma_0 d+M_c c_k \tag{7-10}$$

式中　F_v——由土的抗剪强度指标确定的地基承载力设计值，kPa；

b——基础地面宽度，$b>6$m 时按 6m 计算，对于砂土，$b<3$m 时按 3m 计算；

M_b、M_d、M_c——承载力系数，按 φ_k 值查表 7－5 确定；

φ_k、c_k——基底下一倍基础底面宽度深度内的内摩擦角、黏聚力标准值，本设计性实验可取实验值 φ、c；

γ、γ_0——持力层土的重度和基础埋深范围内土的加权平均重度（本设计性实验假定为均质土，即 $\gamma=\gamma_0$），地下水位以下取有效重度，kN/m^3。

式（7－10）适用于 $e\leqslant 0.33b$ 的情况。

表 7－5　　承载力系数

φ_k	M_b	M_d	M_c
0	0	1	3.14
2	0.03	1.12	3.32
4	0.06	1.25	3.51
6	0.1	1.39	3.71
8	0.14	1.55	3.93
10	0.18	1.73	4.17
12	0.23	1.94	4.42

续表

φ_k	M_b	M_d	M_c
14	0.29	2.17	4.69
16	0.36	2.43	5
18	0.43	2.72	5.31
20	0.51	3.06	5.66
22	0.61	3.44	6.04
24	0.8	3.87	6.45
26	1.1	4.37	6.9
28	1.4	4.93	7.4
30	1.9	5.59	7.95
32	2.6	6.35	8.55
34	3.4	7.21	9.22
36	4.2	8.25	9.97
38	5	9.44	10.8
40	5.8	10.84	11.73

7.3.4　试验步骤

本试验为综合性设计性实验，试验前根据土样初步确定土样的类别，并设计适合土样的实验方案。将方案交指导教师检查，指导教师根据学生提交的试验预习报告及试验思路加以指导。

本试验项目设计的试验基本步骤为：

利用原状土样先切取压缩环刀土样，选取含水率试样，并用压缩环刀试样测定密度，然后进行压缩实验，根据时间安排可穿插进行直剪实验，最后用切取后的余土进行液限、塑限、比重等基本实验。根据工程取样土类的不同，设计试验时应合理安排各步骤，并认真遵从相应的土工实验规程。

1. 建议两种不同的实验方案

对土样变形计算采用压缩实验进行，根据工程条件与设计的需求采用快剪法、慢剪法、固结快剪法进行试验。据地基承载力的计算原理，地基承载力的测定可采用规范表格法和强度理论法计算。根据不同的设计方法完成试验目标。

根据以上实验步骤的叙述，在实际完成实验时可建议采用如下两种办法。

实验方法一

（1）测定土的各项性质，其中包括密度、含水率、液限、塑限、比重等，并根据实验结果对试样的土质定性。

（2）根据实际条件选用快剪法（或慢剪法、固结快剪法）进行压缩实验测定压缩指标。

（3）采用直接剪切实验（三轴压缩实验法）测定 φ、c 值。

（4）根据土的强度理论计算确定地基承载力。

(5) 采用分层总和法计算压缩变形，确定建筑物的地基变形。

(6) 计算地基承载力设计值。

(7) 评价该地基土。

实验方法二

(1) 测定土的各项性质，其中包括密度、含水率、液限、塑限、比重等，并根据实验结果对试样的土质定性。

(2) 根据实际条件选用快剪法（或慢剪法、固结快剪法）进行压缩实验。

(3) 根据规范及配套使用的土力学教材查出地基基本承载力。

(4) 采用分层总和法计算压缩变形。

(5) 计算地基承载力设计值。

(6) 评价该地基土。

以上几种方案设计的具体实验步骤参见本书相应章节的详细说明，在此不再赘述。

2. 记录与计算

(1) 计算含水率、比重、液限、塑限、孔隙比等指标，见教材相关试验。

(2) 绘制孔隙比与压力曲线，计算土的压缩系数或压缩模量，见本教材相关试验。

(3) 绘制剪应力与垂直压力曲线或摩尔圆计算土的抗剪强度指标 φ、c 值，见本教材相关实验。

7.3.5　成果整理

(1) 计算地基土层的压缩变形量，见表7-6。

表7-6　压缩变形计算表

土层深度（m）	自重应力（kPa）	附加应力（kPa）	层厚（kPa）	自重应力平均值（kPa）	附加应力平均值（kPa）	总应力平均值（kPa）	受压前对应孔隙比	受压后对应孔隙比	土层压缩量（mm）

(2) 根据实验原理中提供的方法并能学会查阅相关文献设计选择不同的方法计算地基承载力。

(3) 根据地基土的变形量和承载力进行地基的初步评价。有条件时可将两组不同的实验方法分别进行，对不同方法的计算结果进行分析，评价不同的设计方案。

思　考　题

(1) 建筑物地基在荷载作用下破坏的具体表现形式有哪些？

(2) 实验室如何简化测定地基承载力和基础沉降？

参 考 文 献

[1] 《北京地区建筑地基基础勘察设计规范》DBJ 0—1—501—92. 北京：中国计划出版社，1993.

[2] 陈希哲. 土力学地基基础. 4版. 北京：清华大学出版社，2004.

[3] 陈仲颐，周景星，王洪瑾. 土力学. 北京：清华大学出版社，1994.

[4] 东南大学，等编. 土力学. 北京：中国建筑工业出版社，2005.

[5] 《建筑地基基础设计规范》GB 7—89. 北京：中国建筑工业出版社，1989.

[6] 王玉珏. 土工试验与土力学教学指导. 郑州：黄河水利出版社，2004.

[7] 肖任成，俞晓. 土力学. 北京：北京大学出版社，2006.

[8] 徐云博. 土力学与基础工程. 北京：中国水利水电出版社，2009.

[9] 杨进良，陈环，等. 土力学. 4版. 北京：中国水利水电出版社，2009.

[10] 张伯平，党进谦. 土力学与地基基础. 北京：中国水利水电出版社，2006.

[11] 赵明华. 土力学与基础工程. 3版. 武汉：武汉理工大学出版社，2009.

[12] 中华人民共和国国家标准.《冻土工程地质勘察规范》GB 50324—2001. 北京：中国建筑工业出版社，2001.

[13] 中华人民共和国国家标准.《公路桥涵地基与基础设计规范》JTG D63—2007. 北京：人民交通出版社，2002.

[14] 中华人民共和国国家标准.《建筑地基基础设计规范》GB 50007—2002. 北京：中国建筑工业出版社，2002.

[15] 中华人民共和国国家标准. 《建筑抗震设计规范》GB 500—2001. 北京：中国建筑工业出版社，2001.

[16] 中华人民共和国国家标准. 《膨胀土地区建筑技术规范》GBJ 112—87. 北京：中国计划出版社，1989.

[17] 中华人民共和国国家标准.《土的分类标准》GBJ 145—90. 北京：中国计划出版社，1991.

[18] 中华人民共和国国家标准. 《土工试验方法标准》GB/T 50123—1999. 北京：中国计划出版社，1999.

[19] 中华人民共和国国家标准. 《岩土工程勘察规范》GB 50021—2001. 北京：中国建筑工业出版社，2001.

[20] 中华人民共和国行业标准.《港口工程地基规范》JTJ 250—98. 北京：人民交通出版社，1998.

[21] 中华人民共和国行业标准.《公路路基设计规范》JTJ 013—95. 北京：人民交通出版社，2000.

[22] 中华人民共和国行业标准. 《建筑基坑支护技术规程》JGJ 120—99. 北京：中国建筑工业出版社，1999.